宇宙の始まりに何が起きたのか

ビッグバンの残光「宇宙マイクロ波背景放射」

杉山　直　著

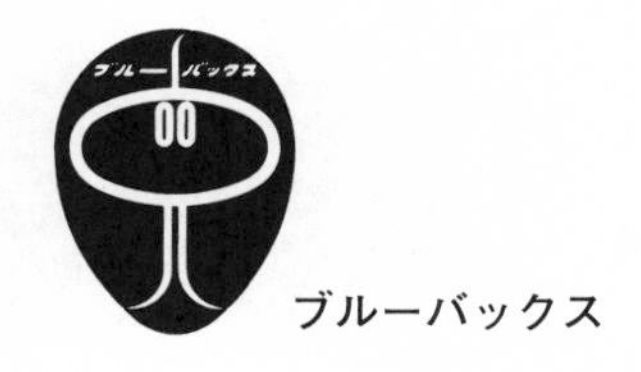

●カバー装幀／芦澤泰偉・児崎雅淑
●図版／さくら工芸社
●目次・章扉・本文デザイン／齋藤ひさの

プロローグ　世紀の大発見

1992年、私が東京大学理学部物理学教室で宇宙理論研究室の助手をしていたときのことになる。4月のある日、研究室のボス、佐藤勝彦教授が手にファックスの出力を持ち、興奮した面持ちで部屋に飛び込んできた。

「杉山君、COBEが温度ゆらぎを発見したらしいぞ！」

ファックスは、米国での記者発表を伝える現地特派員からのものだった。まだメールが一般には普及していなかった時代のことだ。なお、COBEは宇宙背景放射探査衛星の略称である。

このときの興奮は、今でも忘れることができない。佐藤先生の手からひったくるようにしてファックスを受け取り、さっそく目を通した。それは「COBE差分マイクロ波放射計の1年目のマップに見られる構造」という少々ぶっきらぼうな題名の英文の論文だった。筆頭著者はジョージ・スムート。これこそ、私が大学院時代から、ずっと研究を続けてきた対象そのものが見つかったという報告だったのだ。

COBEの発表は、車イスの天才物理学者、スティーヴン・ホーキングが、「史上最大の発見か、少なくとも今世紀最大の発見」とコメントしたこともあり、世界を駆け巡るトップニュースとなった。

ＣＯＢＥとは、宇宙マイクロ波背景放射という、宇宙からやってきている電波を捉える目的で、１９８９年に打ち上げられたＮＡＳＡ（米国航空宇宙局）の人工衛星だ。宇宙マイクロ波背景放射は、宇宙がかつて熱かった時代、つまりビッグバンの時代の名残の電波である。発見されたのは１９６４年だが、このときまでには、空のありとあらゆる方向から、同じ強度で降り注いでいることがわかっていた。電波の強度は、宇宙の温度に換算できる。その温度は、およそ絶対温度３Ｋ（ケルビン：摂氏マイナス２７０℃）であることも知られていた。

記者会見は、ＣＯＢＥが、電波の強度が空の到来方向ごとにごくわずかだが異なっていることを見つけ出したという内容の発表だった。その強度の違いを測定したのが、ＣＯＢＥに搭載されていた３つの装置のうちの一つ、差動型マイクロ波測定器だ。

ごくわずかな強度の違いは、じつは20年も前からその存在が予想されていた。このことは、宇宙に構造があることと関係している。現在の宇宙には、星の大集団である銀河や、銀河の集団である銀河群や銀河団、さらには、それらが複雑につながり合った大規模構造といったものが見つかっている。このような構造が現在存在するためには、宇宙がまだ熱かったビッグバンの時代に、その種（たね）が生じていなければならない。それこそが、宇宙マイクロ波背景放射の電波強度のゆらぎだ。

ＣＯＢＥが発見したものは、ビッグバンの時代の構造だったのだ。私自身が、大学院時代から一貫して研究してきたのは、存在が予想されていたゆらぎの空間パターンが何を教えてくれるのかについてだった。この構造を調べれば、ビッグバンより以前、宇宙の始まりに、どのようにゆらぎが生み出されたのかについても明らかになるかもしれない。また、宇宙に存在している物質の正体についても教えてくれるかもしれない。私自身、当時、世界に数えるほどしかいなかった専門家の一人として、一刻も早くこの結果を、自分自身の理論計算と比較して、世界に向けて発表しなくては、と焦る気持ちを抑えきれなかった。

ＣＯＢＥ発見後の最初の論文寄稿者に

ＣＯＢＥの発見の一報を受けて、私はすぐさま共同研究者の郷田直輝（当時大阪大学助教授、現国立天文台教授）に電話をかけた。

「郷田君、ＣＯＢＥがゆらぎを見つけたぞ！」

この一言で十分だった。私たちはただちに、これまでの計算結果とＣＯＢＥの発見を比較する研究をスタートさせ、論文にまとめ、米国天文学会の機関誌であるアストロフィジカル・ジャーナルへ投稿した。通常は１ヵ月以上もかかる論文作成だが、このときは２週間ほどだっただろうか。

雑誌に投稿すると、レフェリーと呼ばれる第三者の厳しい審査が行われる。それには、通常は返答をもらうまでに1ヵ月程度かかり、待たされたあげく、多くの問題点を指摘されることもたびたびである。その場合には、編集者をまきこんで、レフェリーとやり取りをすることになる。何度かのやり取りの中で、レフェリーに理解を求め、また論文の修正をすることで、ようやく何とか掲載を認められる、というのが普通の流れだ。運が悪いと、掲載拒否をされることさえある。

しかし、今回は違った。投稿後1～2週間ほどでレフェリーからの「価値が高くタイムリーな研究なので掲載すべし」というコメントとともに、編集者から掲載決定の通知が来たのだ。やがて出版された雑誌を見てびっくりした。我々の論文が、もととなったCOBEの発見の論文よりも、1号前の雑誌に掲載されているではないか！ COBEの論文は、実験の解析を行ったもの、ということもあり、審査に手間取り、このような奇妙なことが起きてしまったようだ。後になって、遠く米国のプリンストン高等研究所でも、私たちの論文が話題となっていたことを知り、このときの興奮とドタバタを思い出し、感慨にふけったものである。

またこの発見の功績が認められて、ジョージ・スムートは、２００６年のノーベル物理学賞を受賞することとなる。

本書では、宇宙マイクロ波背景放射によって、宇宙の秘密がどのように明かされてきたのか、それに宇宙論研究者がどのように取り組んできたのかを、そのわずか一翼を担った者として、書き進めてみたい。

目次

宇宙の始まりに何が起きたのか

ビッグバンと元素合成、宇宙の晴れ上がり

92

第6章 残された謎とインフレーション 112

第7章

第8章

第9章 バークレーの日々

第10章 宇宙交響楽

第11章 熾烈な競争

第1章

元素の起源の謎

宇宙がどのようにつくられたのか、それは、人類が少なくともその歴史の始まりから抱いてきた疑問だろう。人類最古の都市文明であるメソポタミアのシュメールや、エジプト、さらにはユダヤ教・キリスト教の聖典である旧約聖書にも、神がいかに天をつくったかの物語、すなわち天地創造が語られている。長らく神話、そして哲学の領域であった天地創造は、宇宙を構成する物質、すなわち元素がどこからやってきたのかという問いに答える結果として、科学的に解き明かされることとなる。

地球上、そして宇宙には多くの元素が存在している。水素から始まり、ヘリウム、リチウムと続く周期律表を思い出していただきたい。これらの元素がいったいどこから来たのか、どのようにして誕生したのかは、かつて人類にとって大きな謎であった。

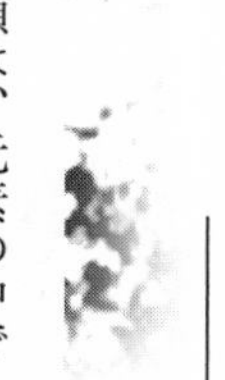

元素はどこからきたのだろうか？

人類は、元素の中でも、錆びることなく輝きを保ち続ける金を特に貴重なものとして扱ってきた。そこで、鉛や亜鉛などの卑金属を、金という貴金属に変えることを目的に錬金術が発展した。早くも紀元前、アレクサンダー大王が築いたアレクサンドリアで盛んであった錬金術であるが、はるか時代を隔て、かのアイザック・ニュートンも、30年にもわたって錬金術の研究を続け、関連する膨大な書き物を残している。錬金術の最終目標は、賢者の石という不老不死の薬であったようだが、残念ながらこの試みは成功しなかった。鉛から金や賢者の石はどうやってもで

きなかったのである。しかし、錬金術のチャレンジの過程で発展し、やがて学問として確立したのが化学だ。異なる元素を単純に組み合わせても、けっして新たな元素になることはない。組み合わせることによって作られるのは分子である。分子を合成し、その性質・機能を調べる学問こそ化学なのだ。

原子と原子核

人類は錬金術をもってしても、ある元素をほかの元素に変えることはできなかった。では地球、そして宇宙にある元素は、どのように生み出されたのだろうか。それを可能にするのが、20世紀になって発見された、原子核そのものを変えてしまう新たな錬金術なのである。

元素生成の謎を解く手がかりが得られたのは、ようやく20世紀になってからのことである。20世紀は物理学の世紀といってもよいだろう。アインシュタインによる特殊相対性理論および一般相対性理論の完成に続いて、ミクロの世界を支配する物理法則である量子力学が、ボーアやディラック、ハイゼンベルグといった多くの物理学者の手によって作り上げられたのは、20世紀の前半のことだ。このことにより、あらゆる物質を構成する基本要素である原子についても、格段に理解が深まったのである。

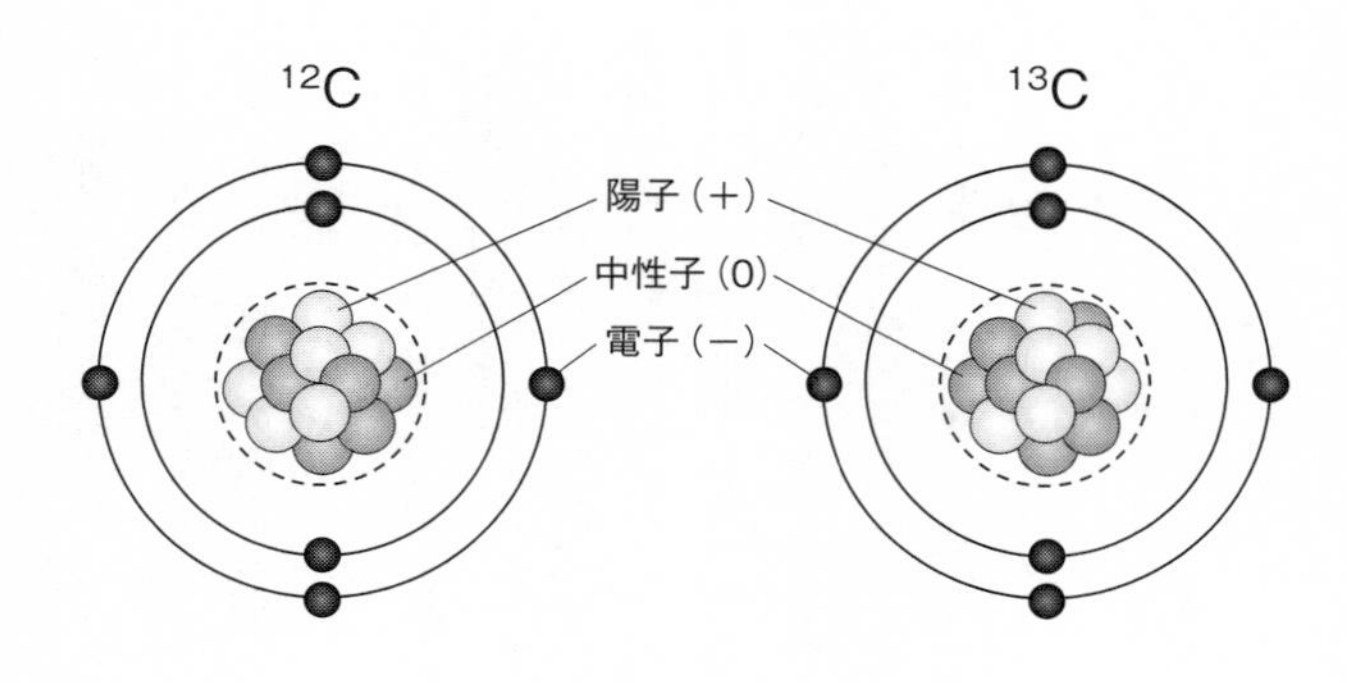

図1-1　同位体

地球上に見られるような物質は、分解していくとすべて原子という最小単位にいきつく。原子自身は、中心に原子核と呼ばれる正に帯電した塊があり、その外側を惑星のように負の電荷を持った電子が飛んでいる。原子核は、正の電荷を持った陽子と、電荷を持たない中性子によって作られている。

元素の種類を決定するのが陽子の数だ。たとえば水素ならばその原子核は陽子が１個、ヘリウムなら２個だし、ウランは92個の陽子を持っている。元素をその原子核の持つ陽子の数順に並べたのが、周期律表だ。陽子の数のことを原子番号と呼ぶ。

一方、中性子の数は、陽子の数とともに、原子の重さを決定する。陽子と中性子の質量はほとんど同じであるため、両者の数の合計が、その原子の質量に比例することになる（電子の質量はほぼ無視できる）。この陽子と中性子の数の合計を質量数と呼ぶ。たとえば、原子番号6の炭素には6個の陽子がある。自然界に存在する炭素の大部分は、中性子の数が6個、つまり質量数12の炭素12（$^{12}\mathrm{C}$と書く）だ（図1-1）。自然界には、これ以外にも、中性子の数が7個の炭素13が1・1％程度あり、さらにごくわずかであるが、中性子の数が8個の炭素14も存在する。このように、同じ炭素であっても質量数の異なるものを、炭素の同位体と呼ぶ。

ここで、元素と原子の違いについて確認しておこう。原子は、先に述べたように、物質を構成する基本要素である。ちなみに、その大きさはおよそ１００億分の１ｍ程度だ。原子は、原子核にある陽子の数と中性子の数によって区別される。元素は、おのおの、化学的な性質が同じ基本物質を指す。難しくいうと元素は概念で、原子はその根源となる実体である。たとえば、炭素元素は、炭素原子で構成される。ただし、化学的な性質は原子核や周りの電子の持つ電荷の量、つまり陽子・電子の数だけで決まるために、炭素元素には、中性子の数の異なる$^{12}\mathrm{C}$や$^{14}\mathrm{C}$など、異なった原子、すなわち同位体が存在するのである。

放射性崩壊という錬金術

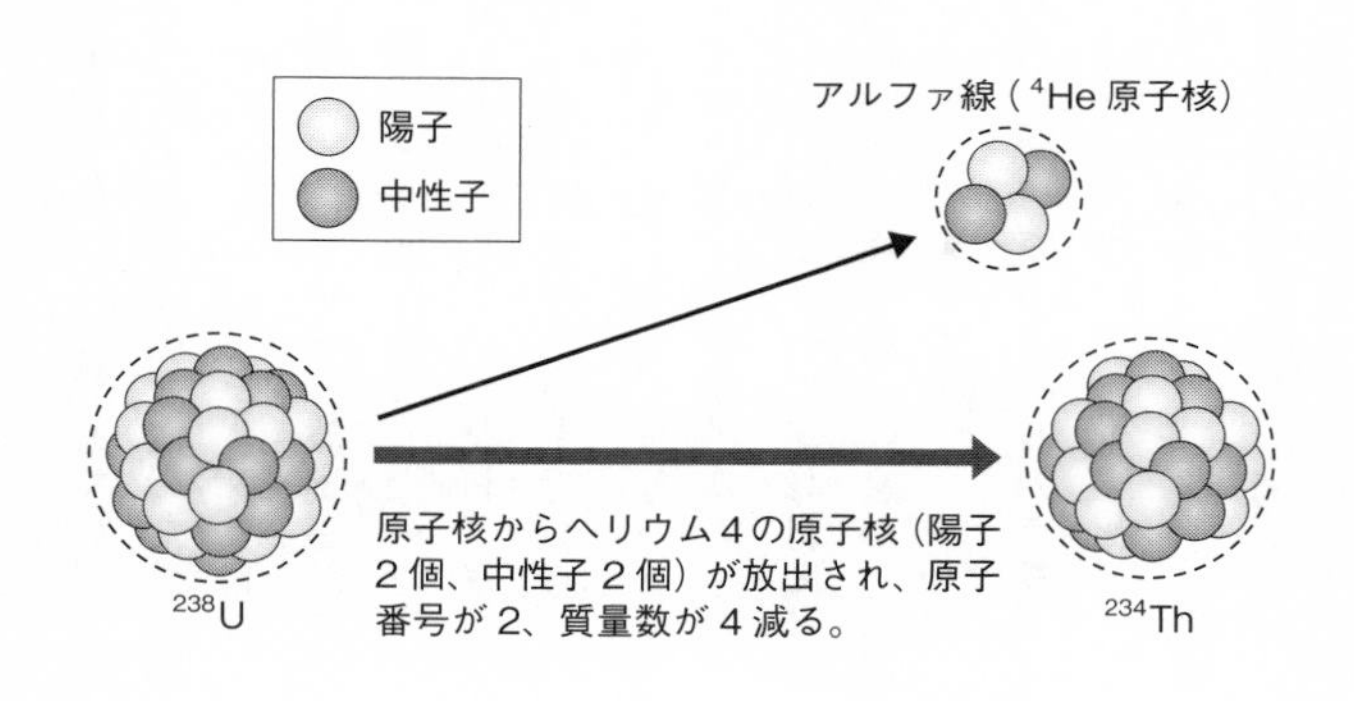

図1-2　アルファ崩壊

元素の種類を決定するのが原子核にある陽子の数である。ここで、陽子の数を変える反応があれば、元素が変わることになる。つまり錬金術が実現されるのである。じつは、地球上でこのような錬金術が自然に起きていることが19世紀の終盤から20世紀前半までに明らかにされた。放射性崩壊である。

放射性崩壊とは一般に、原子核が放射線を出すことによって、不安定な状態から安定な状態に変化する現象を指す。放射線にはアルファ（α）線、ベータ（β）線、そしてガンマ（γ）線の３種類がある。アルファ線を出す崩壊をアルファ崩壊と呼ぶ（図１-２）。ベータ崩壊、ガンマ崩壊も同様である。これらの崩壊のうち、ガンマ崩壊を除く崩壊が、錬金術を引き起こす。

放射線を最初に発見したのは、アンリ・ベクレルだ。1896年、ウランが写真乾板を露光させる現象を見つけ出したのだ。この写真乾板を露光させる放射線の正体を突き止めるのに大きな貢献があったのが、アーネスト・ラザフォードである。ラザフォードは、ウランからアルファ線とベータ線の2種類が放出されていることを発見し、アルファ線の正体が、ヘリウム4の原子核であることを明らかにしたのだ。一方、ベータ線の正体が電子であることを明らかにしたのはベクレル自身であった。なお、ガンマ線の正体は、通常の可視光よりも波長の短い光であるX線よりもさらに波長の短い光である。

次に、この核崩壊についてもう少し詳しく見ていこう。まず、アルファ崩壊（図1-2）である。この崩壊は、原子核からヘリウム4の原子核が飛び出る反応だ。ヘリウムは原子番号が2なので、ヘリウム4の原子核は陽子2個、中性子2個で構成されている。これが飛び出すので、反応の前後で、原子番号が2つ、質量数が4つ減ることになる。原子番号が変わるわけだから、別の元素になる。錬金術だ。

たとえば、原子番号92のウラン238は、アルファ崩壊によって、原子番号90のトリウム234に変わる。これは、ウランが、ヘリウムとトリウムに分裂したと見なすことも可能だ。このように、原子が2つ以上の原子に分裂する過程のことを核分裂と呼ぶ。

次は、ベータ崩壊だ（図1-3）。ベータ線、すなわち電子が放出されるのだが、これは原子核

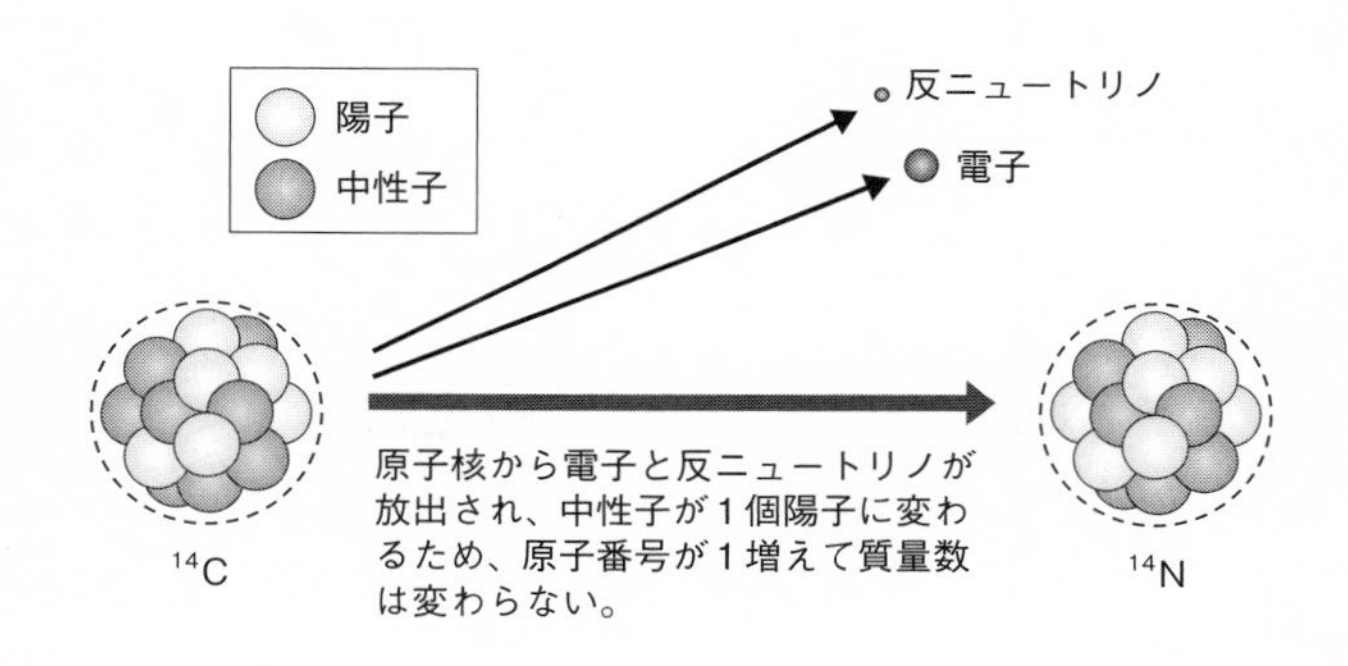

図1-3　ベータ崩壊

の周りを飛んでいる電子ではない。原子核から直接出てくるのである。ちょっと待ってほしい。先に、原子核は陽子と中性子によって作られていると述べた。電子はいったいどこから出てくるのだろうか。じつは、原子核にある中性子が、電子と陽子に変わるのである。その際に、電荷を持たず、透過力が抜群のニュートリノ（正確には反ニュートリノ）という粒子も同時に放出される。このベータ崩壊では、中性子が陽子に変わるわけだから、原子番号が１個増える。原子番号が変わるのだから、元素が変わることになる。錬金術だ。しかし、中性子と陽子の合計数は変わらないので、崩壊しても質量数は変わらない。

ベータ崩壊の例として、炭素14が、窒素14に壊れる反応がある。炭素12と炭素13は安定だ

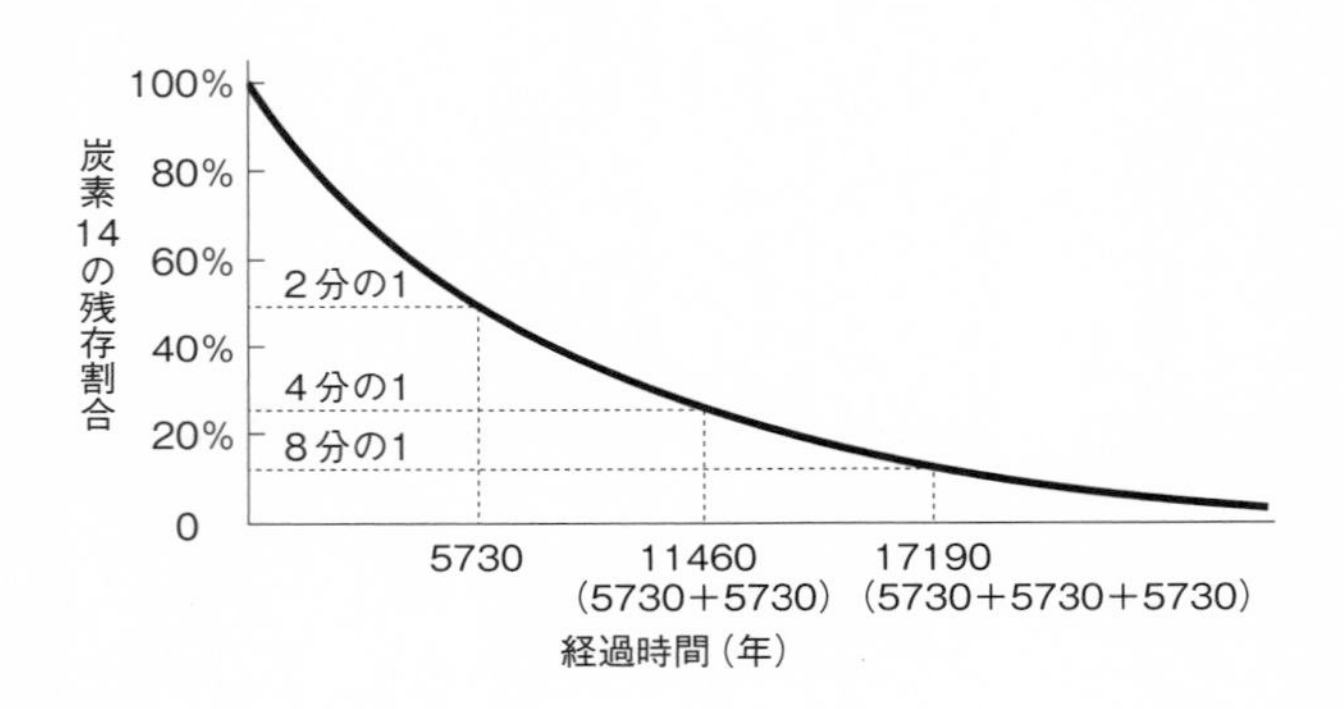

図1-4　半減期

が、炭素14は、窒素14に変わってしまうのだ。安定な炭素に比べて、中性子が過剰に存在しているので、それがベータ崩壊するというわけである。炭素が窒素に変わる、まさに、錬金術だ。5730年ほどで、炭素14は元の量の半分になって、等量の窒素14を生み出す。このちょうど半分になる時間のことを半減期（図1-4）と呼ぶ。

炭素14の崩壊を利用して、年代の測定を行うことができることは有名である。放射年代測定と呼ばれる年代測定手法の一つだ。空気中の炭素14と炭素12の比は、いつの時代でもほぼ一定である。上層大気において、宇宙からやってくる宇宙線という粒子によって窒素から炭素14が一定量作られ続けるからだ。

しかし、光合成を通じて、いったん植物に取り込まれた後は、炭素14は壊れて減る一方となる。その結果、安定な炭素12に対する比が、５７３０年で半減する。木材の炭素14と炭素12の比を調べることで、その木が切り倒された年代がわかるのである。

なお、人類の歴史上、炭素14の量が大きく変動した時期が２度ある。１度目は、産業革命に伴う化石燃料の大量消費である。化石燃料に含まれている炭素には炭素14はほとんど存在しない。とうの昔に崩壊してなくなってしまっているからである。炭素12だけが大気中に大量に放出されるのであるから、それ以前の時代に比べて大気中の炭素14の割合が減少したのだ。２度目が、１９５０年代から60年代にかけての、大気圏での核実験である。大気圏での核反応によって、大量の炭素14が生み出された。この時期、炭素14の量は、それまでのほぼ２倍となったのである。

福島第一原発の事故で有名になったセシウムは原子番号55だが、多くの同位体が存在する。安定なものはセシウム１３３のみで、原発事故で放出されたセシウム１３７は30年の、セシウム１３４は２年の半減期で、どちらもベータ崩壊によって（一部、高いエネルギーの光であるガンマ線を出す崩壊であるガンマ崩壊を経由するが）、原子番号56のバリウムへと壊れる。

セシウム１３４は、この崩壊で２年経つと元の半分の量になり、４年でさらに半分、10年も経つとわずか３％になってしまう。しかし、一方で、セシウム１３７のほうは30年経ってもやっと半分の量にしかならないので、放置しておくことができず、除染が必要となるのだ。

エネルギーを生み出す核分裂と核融合

自然界に存在する錬金術である、放射性崩壊には、莫大なエネルギーを生み出す仕組みが隠されていた。そもそも、自然に放っておいて壊れる、ということは、エネルギーという観点でいえば、水が高いところから低いところへと流れるのと同様に、エネルギーの高い状態から低い状態への変化が起こったということにほかならない。外からエネルギーを加えない限り、低いところから高いところには登れないのである。つまり原子核を壊すとエネルギーが取り出せるのである。核分裂である。ただし、詳しく調べてみると、ウランのように原子番号や質量数の大きい原子では確かに分裂するとエネルギーが取り出せるのだが、水素やヘリウムのように原子番号や質量数の小さい原子では分裂ではなく、逆に合体することでエネルギーが取り出せることがわかってきた。こちらを核融合と呼ぶ。

どうして核分裂や核融合によって、莫大なエネルギーが生み出されるのだろうか。じつは、原子核には不思議な性質がある。くっつけたり、割ったりすると、元の質量と違ってしまうのである。普通はそういうことはあり得ない。たとえば、ビー玉を2個用意する。まず1個ずつの質量を測定する。続いて、2個まとめて質量を測定する。すると当然、1個ずつの質量の合計の値と

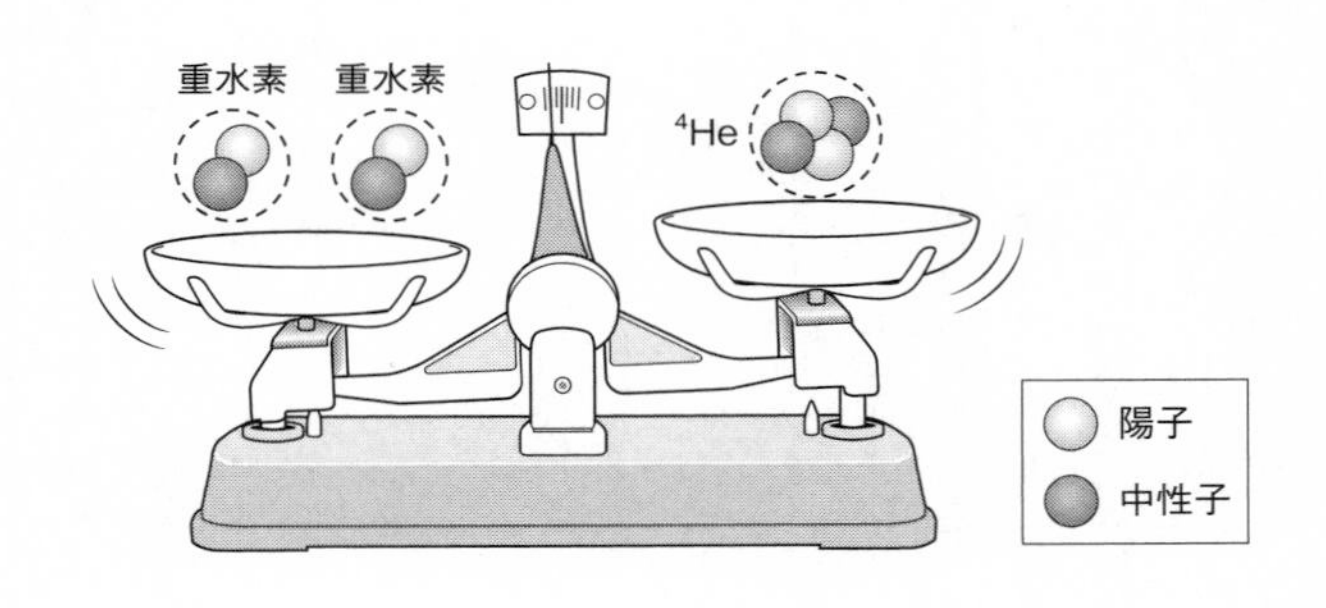

図1-5　原子核は融合したり、分裂したりすると、前後で質量が変わるという不思議な性質がある

一致する。しかし原子核ではそうではない。くっつけると軽くなったり、重くなったりするのである（図1-5）。

たとえば、陽子1個、中性子1個で作られる重水素を2つ持ってくる（陽子1個のみの^{1}Hは軽水素と呼ぶ。^{1}Hは自然界に最も多く存在する水素の同位体で、その存在度は99・985％で、重水素はわずか0・015％である）。それをくっつけると、陽子2個、中性子2個、つまり原子番号2のヘリウム4ができる。なんと不思議なことに、重水素2個の質量の合計に比べて、ヘリウム1個の質量は、0・64％ほど軽くなるのだ。この軽くなった分の質量はどこへ行ってしまったのだろうか。じつはエネルギーに転換されるのである。

質量がエネルギーと等価であると最初に見

抜いたのはアルベルト・アインシュタインその人だ。彼の特殊相対性理論によれば、エネルギーをE、質量をm、光の速度をcとすれば、$E=mc^2$の関係が成り立つというのである。この非常に有名な関係はアインシュタインの式と呼ばれる。この式では、右辺の光速度が莫大なために、わずかな質量が大きなエネルギーと等価であることがわかる。

先の重水素をヘリウムに変える反応を考えてみよう。質量が軽くなるのが、たった0・64%とあなどってはいけない。

仮に重水素を1kg用意して、それが全部ヘリウムに変わるとする。1kgの0・64%だから、わずか6・4gだけ質量が減少し、それがエネルギーに変わる。その値は、なんと576兆ジュール、すなわち1380億キロカロリーで、これは約3万世帯の年間消費電力をまかなうことができるエネルギーに相当する。このように軽い元素どうしをくっつけると、重い元素に変換されるのと同時にエネルギーを出す。これを核融合反応という。

一方、ある程度重くなると、くっつけても軽くならなくなる。その限界が、鉄族、つまり原子番号26の鉄、27のコバルト、28のニッケルである。これより重い元素では、逆に壊れると軽くなるのだ。そのため自然界で放射性崩壊が生じるのである。

先のアルファ崩壊が、重い元素が壊れると軽くなる例である。たとえば、ウラン238は、アルファ粒子、すなわちヘリウム4を放出してトリウム234に壊れる。この反応の前後で、質量

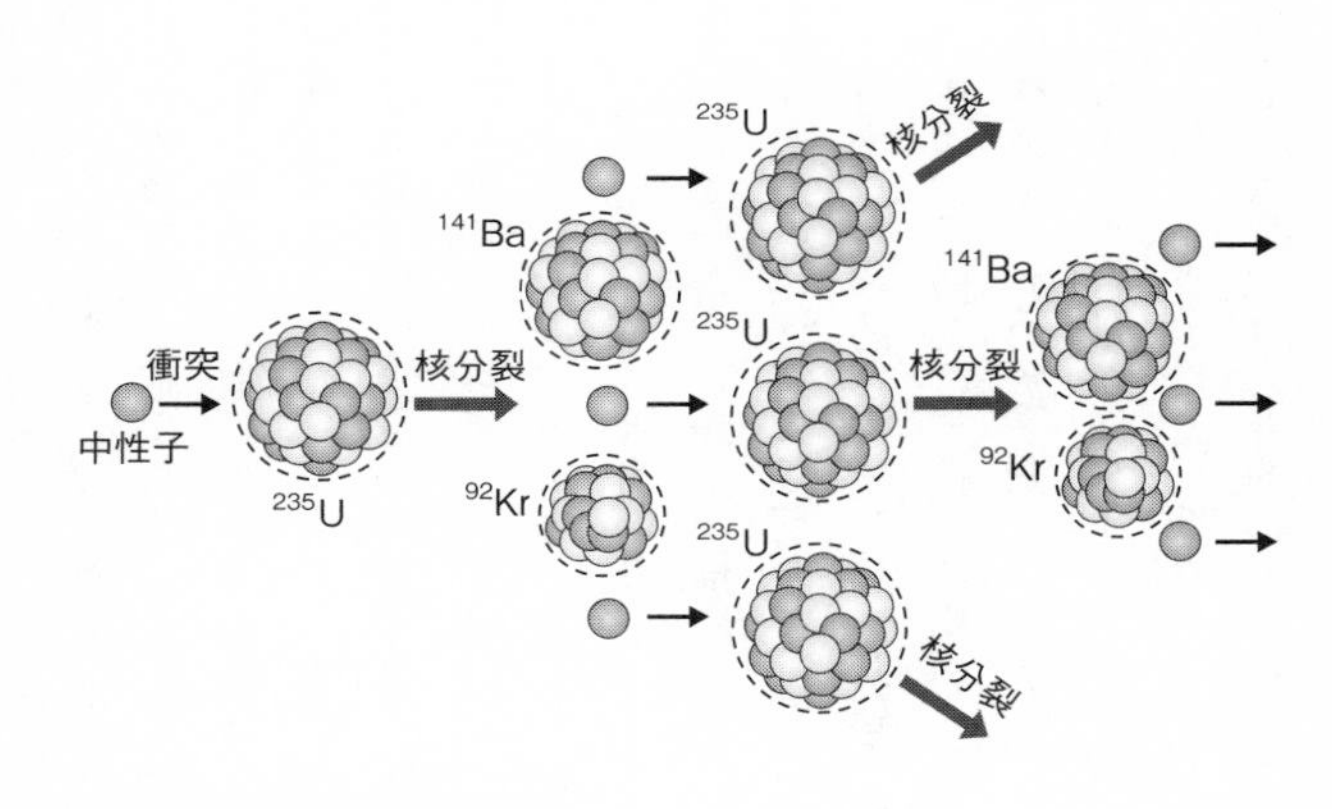

図1-6　核分裂と連鎖反応

は０・００２％だけ減少する。

アルファ崩壊ではごくわずかな質量しかエネルギーとして取り出せない。しかし、元の元素が大きく２つに割れるともっと多くの質量が失われ、エネルギーを生み出すことができる。たとえば、ウラン２３５に中性子を１個吸わせると、ウラン２３６という同位体に変わる。これはきわめて壊れやすく、すぐにたとえばバリウム１４１とクリプトン92に壊れ、その際に中性子を３個出す。この反応の前後で、質量は０・０７５８％軽くなるのである。アルファ崩壊のおよそ40倍にもなる。このように、重い元素が核分裂によって壊れることでエネルギーを出す過程を、核分裂反応と呼ぶ（図１-６）。

なお、この反応において、新たに出された中性子は、周囲に十分な数のウラン２３５があれば、それに吸われて、次の核分裂反応を引き起こす。するとまた中性子が生み出されるので、さらに次の核分裂反応が起こる。このように、次々と進んでいく反応のことを連鎖反応と呼ぶ。連鎖反応が暴走的に進むのが原子爆弾である。中性子の量をうまくコントロールしながら、生じる熱で蒸気を発生させ、タービンを回して発電を行うのが原子力発電だ。

原子力発電は、少量の燃料で莫大なエネルギーが取り出せること、また核分裂を熱に変えるので、CO_2が出ないなど、石油などの化石燃料に比べて利点があるといわれてきた。燃料のウランはカザフスタンや、カナダ、オーストラリアなどで産出されるため、紛争地帯が多い石油に比べて安定供給されることもあり、日本には多くの原子力発電所が建設され、一時期は総発電量の3割を担っていた。しかし、福島の事故によって、その危険性が改めて認識され、また廃炉の難しさ、使用済み核燃料の処理など多くの問題も解決されないままである。

一方で、最終的なエネルギー問題の解決になるのでは、と期待され続けてきたのが核融合である。まず、核融合は、核分裂以上にエネルギー効率が良い。核分裂では、たとえば、ウラン236が分裂すると、質量が0・0758%減った。一方、重水素をヘリウムに変える反応では、0・64%も質量が減少する。つまり、同じ質量の燃料から得られるエネルギーは、核融合のほうが8倍も大きいことになる。また、原料である重水素は海水中に豊富に含まれていて安定的に供給できるし、コスト的にも低い。さらに、核分裂では問題となる使用済み核燃料の問題が原理的には核融合では生じない。ヘリウム４は安定な元素で放射性崩壊をしないからである。

このように良いことずくめの核融合であるが、残念ながら大きな問題が残されている。反応、すなわち水素や重水素をくっつけるためには、そのまま置いておくだけではダメで、高温で高密度な状態を維持し続ける必要があるのである。これが難しいのだ。たとえば必要な温度は1億度を超える。この温度が実現できたとしても、これでは入れておく容器が持たない。高温ということは非常に速度の大きな原子核がたえず容器の壁と衝突することを意味するからだ。そこで、重水素から電子を剝ぎ取って、電気を帯びたプラズマ状態にし、それを磁気の力によって容器の壁に触れることなく閉じ込める方法が考案されている。現在、この方法を実証するための大型実験施設イーターがフランスに建設されている。問題点が解決されれば、21世紀後半のエネルギーの主役は核融合になるかもしれない。

宇宙の錬金術は核融合

核融合反応は現時点ではどこでも利用されていないのだろうか。じつは、現在人類が利用しているエネルギーのほとんどは、（原子力を除けば）元をたどれば核融合反応によって生み出されたものなのだ。それは太陽である。太陽の中心部では、水素がヘリウムに変換され、そこで生まれ

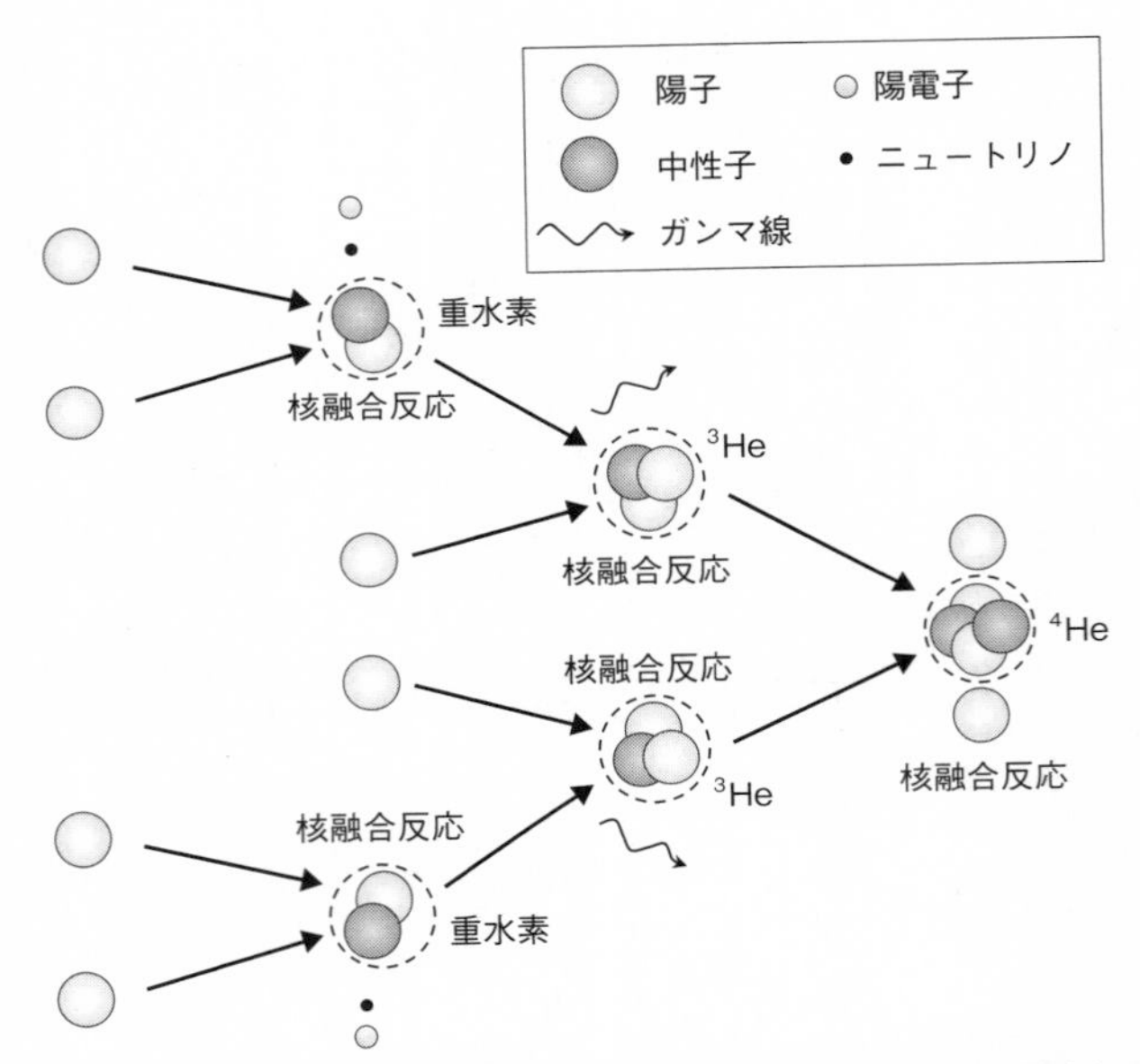

図1-7　太陽の中心で起きている水素（陽子）を燃料とする核融合反応

るエネルギーを熱として外部に放出しているのだ。

　そこではいくつかの反応が共存しているが、最も多く働いているのは、4個の陽子が1つのヘリウム4と2つの陽電子（電子の反粒子で質量が同じで電荷が正という性質を持っている）、さらには2つのニュートリノ、そして光（2つのガンマ線）に変わる反応である（図1-7）。この反応では、もともとの陽子4個の質量の0・63％分が失われ、エネルギーへと変換される。その一部はニュートリノが運び去るが、残りは太陽のエネルギー源となる。

このように、太陽に代表される恒星は、水素を燃料に、核融合によって輝いているのである。ヘリウムを生み出す錬金術が働いているのだ！　このことから、宇宙に存在する元素の起源が、恒星にあると考えることは自然であろう。宇宙の錬金術の現場は、恒星なのだろうか。

ここで、宇宙にどのような元素がどれだけの割合で存在しているかについて、見ていこう。地球上には、酸素や窒素、炭素、ケイ素などが大量に存在している。しかし、宇宙全体では、事情は大きく異なる。じつは、水素がいちばん多く、次にヘリウム、そして、残りはごくわずかしか存在していない。たとえば、天の川銀河では、質量割合で、水素が74％、ヘリウムが24％、酸素が１％、炭素が０・５％である。原子数の割合に直すと、水素92％、ヘリウム７・５％、酸素０・０８％、炭素０・０５％となる。圧倒的に水素と、そしてヘリウムが多いのだ（図１-８）。

恒星は、水素が核融合反応を起こして、ヘリウムに変わることで輝いている。水素を使い果たすと、次にはヘリウムが核融合反応を起こし、さらに炭素や酸素などの重い元素が作られる。太陽のような軽い恒星ではここまでで反応は止まるが、重い星では、炭素が核融合反応を起こし、ケイ素、そしてマグネシウムなどが作られ、最終的には鉄まで変換される。以上のことから、宇宙に存在するヘリウムよりも原子番号の大きな元素は、量もわずかであり、恒星の中で作られたと考えることで、つじつまが合う。

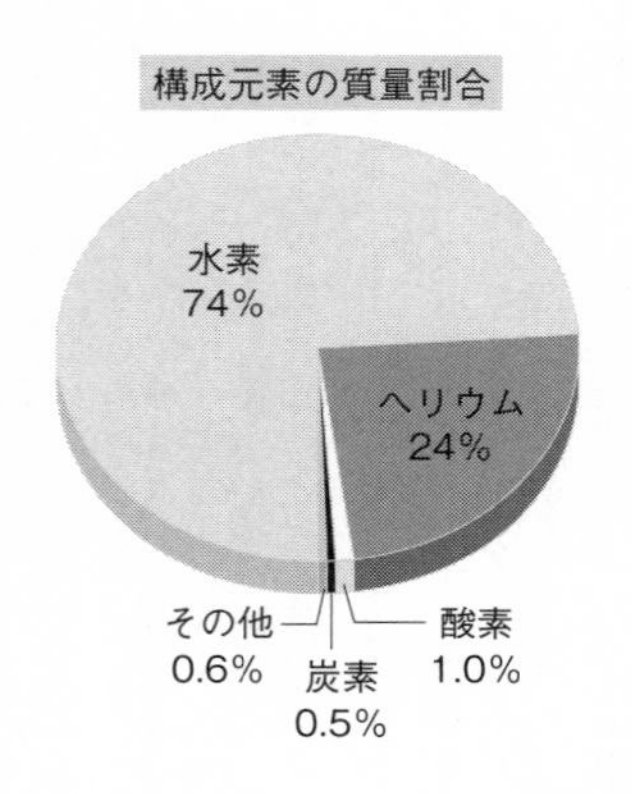

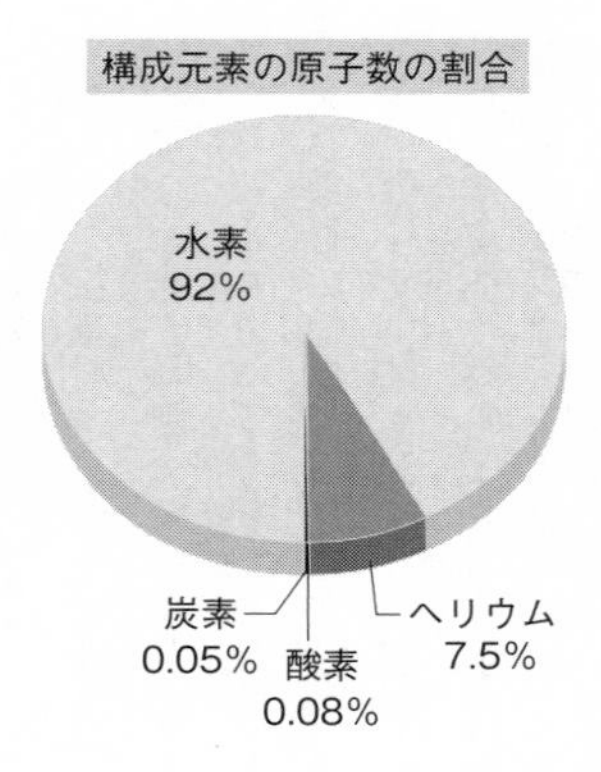

図1-8　天の川銀河を構成する元素

ただし、その中でも鉄族よりも重い元素は、このような核融合反応では生成されない。鉄よりも原子番号が大きくなると、くっつくためにエネルギーを必要とするから、通常の核融合反応では生成されないのだ。そこで、鉄よりも重たい元素は、重たい恒星がその終末段階で起こす超新星爆発と呼ばれる現象の際に、そのときのエネルギーを利用して、一気に生成されると考えられてきた。この重い元素の起源に関して、２０１７年になって大きなニュースが飛び込んできた。超新星爆発の結果できた中性子星の連星が合体する際に、金などの重い元素が作られている証拠が見えてきたというのである。

中性子星は、星全体が中性子の塊でできている１個の巨大な原子核ともいえる天体で、典型的には半径が10㎞程度で、質量は太陽程度である。この中性子星どうしが衝突することで、重い元素が生まれるというのである。まだ合体が観測された例が少ないので、この合体が超新星爆発に比べてどのくらいの割合で重い元素を生み出しているのかなど、決定的なことはいえないが、重い元素の起源が明らかになる日は近いのかもしれない。元素の起源は、恒星と、その終末段階である超新星爆発や中性子星の合体だったのだ。これで人類の長年の疑問に決着がついた、と言いたいところだが、一つ大きな問題がある。宇宙の主要な元素であり、恒星の核融合反応の原料となる水素、そしてヘリウムはいったいどこから来たのだろうか。そのことに答えを与えるのがビッグバンである。

20世紀中ごろに、宇宙での元素の起源について研究者たちが真剣に考え、論争の果てにたどり着いた結論について、次章で述べることとしよう。

第2章

ビッグバン宇宙論と定常宇宙論の争い

元素の起源を巡り、20世紀の中ごろに研究者たちは真剣な論争を繰り広げた。一方の考えが、定常宇宙論である。宇宙には始まりも終わりもないとし、元素は長い年月をかけて恒星の中で作られたものと考える。もう一方が、ビッグバン宇宙論だ。宇宙が灼熱の火の玉状態から始まったとし、その熱い宇宙の始まりのときに、元素が生成されたものと考える。真っ向から対立する２つの理論は、最終的には観測によって白黒の決着がつけられることとなる。

先に提案されたのはビッグバン宇宙論である。ビッグバン宇宙論のもととなる考えは、ベルギー人の神父兼天文学者であったジョルジュ・ルメートルによって１９３０年代に考え出された。

このときまでに、すでに、宇宙が膨張していることはルメートル自身と米国の天文学者エドウィン・ハッブルによって、観測的に示されていた。ちょうど風船を膨らますように、私たちの銀河系に対して、遠方の銀河がすごいスピードで遠ざかっていることがわかったのである。

ジョルジュ・ルメートル

空間全体が膨張していると、ある特別な関係が成り立つ。天体どうしの距離と、互いに遠ざかる速度が比例するという関係である。地球から1億光年離れている銀河Aと、２億光年離れている銀河Bがあるとしよう。仮に１００億年経つと宇宙が2倍に広がるとする。すべての距離が2倍になることから、地球から見ると、Aはその間に1億光年から2億光年へと遠ざかり、Bは2億光年から4億光年彼方になる。もともと

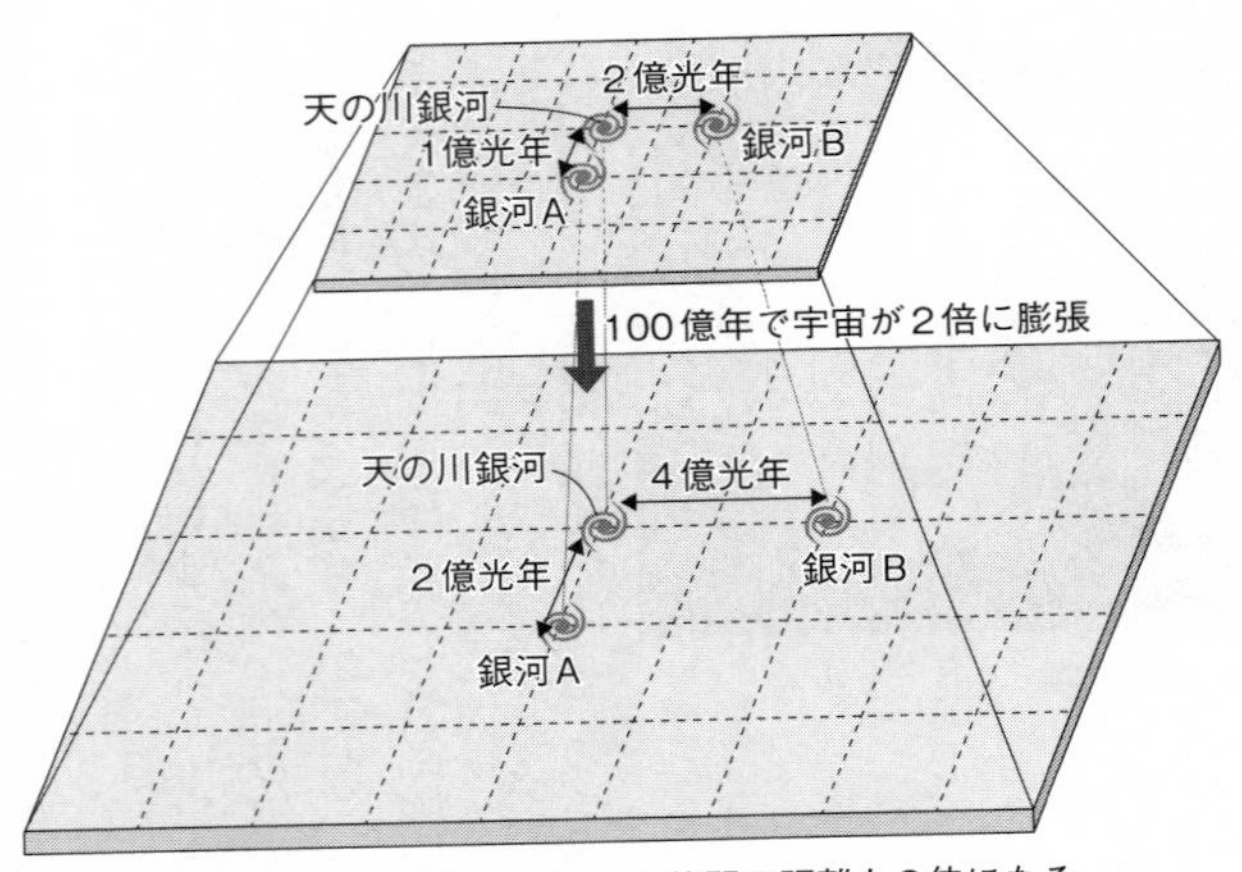

図2-1　宇宙膨張の模式図

の位置に対して、おのおの1億光年と2億光年だけ地球から遠くへ行ってしまったことになる（図2-1）。

Aの遠ざかる速度は、100億年で1億光年遠ざかるので年速0・01光年、Bは100億年で2億光年遠ざかるので年速0・02光年となる。2倍遠くにあるBのほうがAに比べて2倍速く遠ざかっている！　距離に比例して速度は大きくなるのだ。

膨張する宇宙では、遠方の天体が遠ざかり、その速度は距離に比例する。この関係を、銀河までの距離と速度の関係を最初に観測した人の名前にちなんで、ハッブルの法則とこれまでは呼んでいた。しかし、近年、ルメートルがハッブルよりも先にこの関係が成り立っていることに気づいたことがわかり（ただしフランス語の論文）、２０１８年に国際天文学連合がハッブル-ルメートルの法則と名称変更を行った。

宇宙空間が膨張していれば、ハッブル-ルメートルの法則が成り立つ。だとすれば、観測的にハッブル-ルメートルの法則が成り立っていることを示せば、宇宙の膨張を証明できる、ということになる。そこで、遠方の銀河までの距離と、その遠ざかる速度を測定する試みが進められた。１９２０年代のことである。

エドウィン・ハッブル

宇宙での距離の測定は、単純ではない。いちばん確実な方法は、地上の距離の測定にも使われる三角測量（図2-2）である。遠方の場所Aまでの距離を測りたいとき、測定者のそばの2地点を用意する。この2地点とAで三角形を作るのである。まずは、2地点の距離を物差しなどを用いて測ってやる。次に、2地点のおのおのからAがどの方向に見えるかを精密に決定する。以上により、２

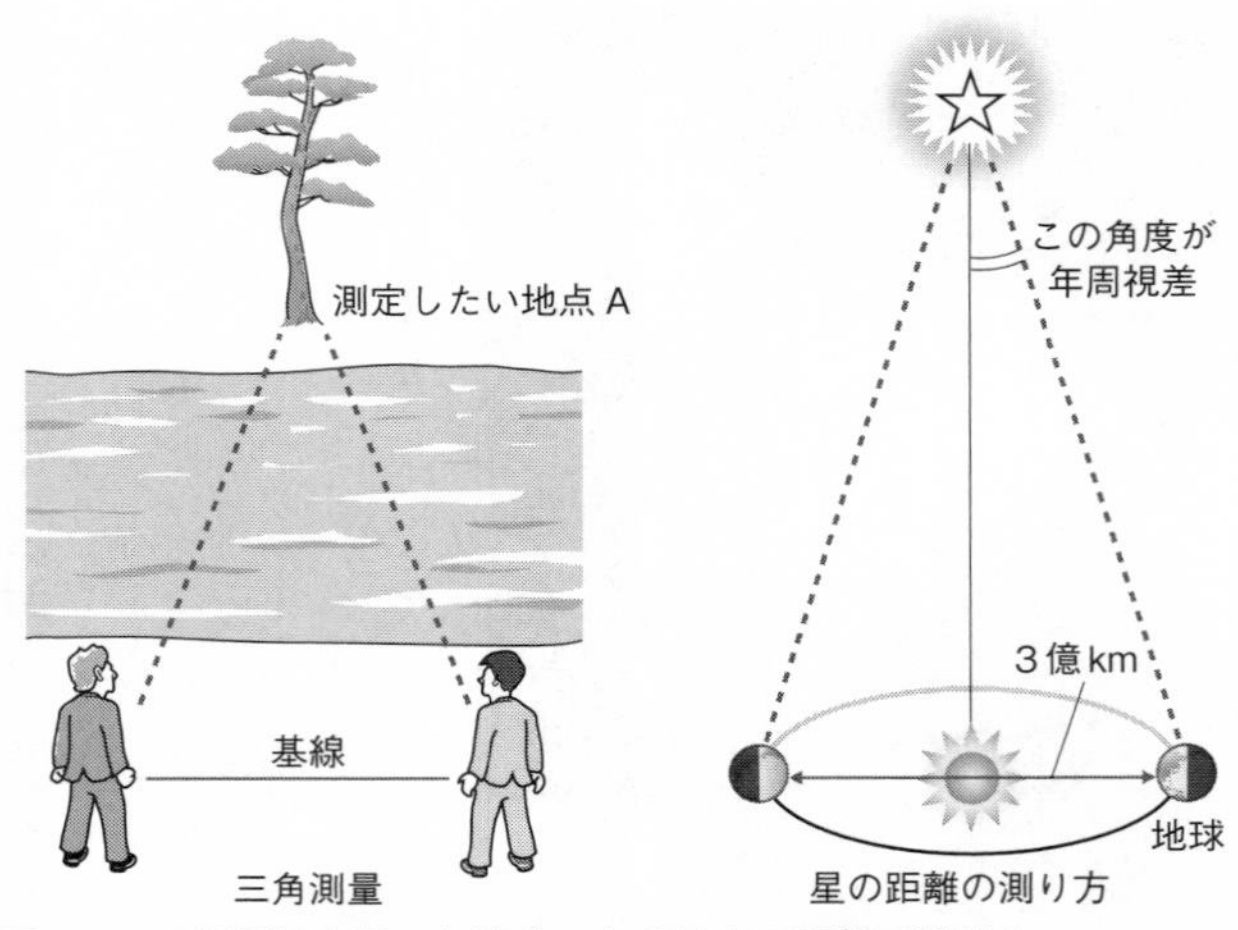

図2-2　三角測量を用いた遠方にある地点の距離の測り方

つの角と底辺が決定されるので、三角形が完全に決まり、Aまでの距離が求まる、という仕組みだ。

この方法は、あいまいさなしに距離を完全に決めることができる。しかし、一方で限界もある。あまりにAが遠方にあると、2地点から見えるAの方向の違いがわからなくなるのである。遠方まで測定したければ、2地点が作る底辺を長くしなければならない。ここに遠方の銀河までの距離を測定する難しさがある。地球上であれば最長の底辺は、地球の直径、すなわち1万27００㎞である。これでは何千万、何億光年彼方の銀河はおろか、数光年先にある隣の恒星までの距離さえ測定することは不可能である。しかし、幸いなことに、地球が太陽の周りを1年かけて公転している事実を使えば、もっと長い底辺の三角形を作ることが可能である。地球と太陽までの距離の2倍を底辺とする三角形である。底辺は3億㎞であり、春と秋、または夏と冬での天体の見え方の違いを測定すれば、三角形が確定できる。この方法を年周視差と呼ぶ。1年での見え方の違い、というわけである。最新の観測技術を用いた年周視差では、銀河系の中心、すなわち2万8000光年程度までの距離の測定が可能である。

人類が使える最大の三角測量、すなわち年周視差によっても、残念ながら、銀河系を超えて、遠方の銀河までの距離を測定することは不可能だ。そこで、考案されたのが、明るさがわかっている天体の見かけの明るさを測定する方法である。

ヘンリエッタ・リーヴィット

宇宙で輝いている天体は、それぞれ固有の明るさで輝いている。非常に明るいものもあれば、それほどでもないものもある。たとえば、太陽は、非常に明るく見えるが、じつは恒星の中では平凡な明るさだ。太陽が明るく見えるのは、ほかの恒星に比べて近くにあるからなのである。太陽を遠くに置けば、ただの暗い恒星の一つにしか見えないだろう。

天体を遠方に置くと、距離の2乗に反比例して暗くなっていく。太陽のように本当の明るさがわかっている場合、見かけの

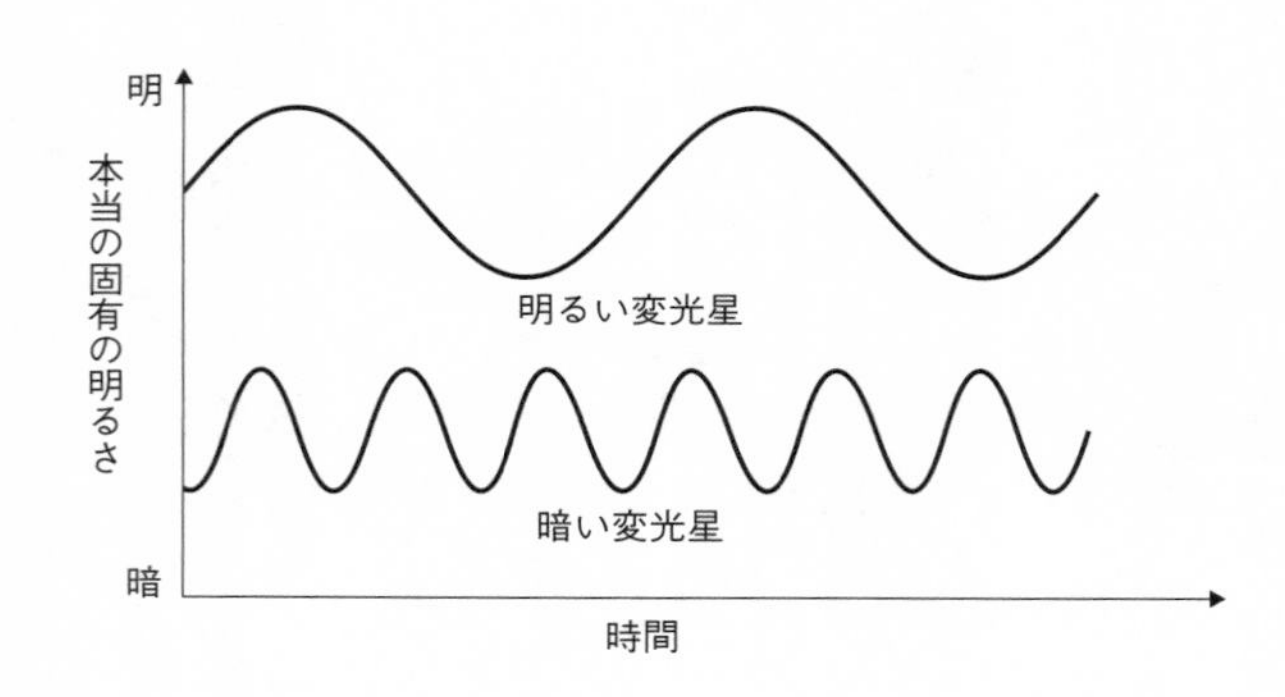

図2-3　変光星の変光の周期と本当の固有の明るさの関係

明るさを測定すれば、どれだけ暗くなっているかによって距離が決められる、という仕組みである。この方法の最大の課題は、明るさがわかっている天体を見つけることだ。恒星や、その集団である銀河にはおのおの個性があり、本当の明るさを知ることは容易ではない。しかし20世紀初めに、ある種の変光星の変光の周期（明るい状態からいったん暗くなって、再び明るくなるまでの時間）と、本当の明るさに関係があることが見いだされ、状況は一変した。女性天文学者ヘンリエッタ・リーヴィットの功績である。彼女は、本当の明るさが明るい変光星はゆっくりと、暗い変光星は速く、その明るさを変化させることに気がついたのだ（図2-3）。このことから、変光星の周期を測定することで、その本当の明るさが推定でき、観測される見かけの明るさと比較することで、距離が決定できるようになったのである。さらに幸いなことに、この変光星はとても明るく、遠方の銀河でも見つけることが可能であった。リーヴィットの発見によって、人類は初めて銀河までの距離を測定できる手段を手に入れたのである。

一方、銀河の遠ざかる速さは、光のドップラー効果によって測定できる（図2-4）。音のドップラー効果と同様に、光源が遠ざかっていくと速さに応じて光の波長が伸び、色が赤くなるのだ（音の場合には音程が下がる）。これを赤方偏移と呼ぶ。

膨張による波長の変化を測定できるようになったのは、分光と呼ばれる観測技術によるところが大きい。光を波長ごとに分解して強度を測定するのが分光だ。光源に含まれる元素の種類によって、特定の波長が明るくなったり暗くなったりする。前者を輝線、後者を吸収線と呼ぶ。アンドロメダ銀河からの光の分光を行い、そこに見られる吸収線がドップラー効果により一定の割合で変化していることを発見し、銀河系に対して運動していることを見いだしたのがヴェスト・スライファーだ。１９１２年のことである。分光によって確かに銀河の後退速度を測定できるのである。リーヴィットの方法と、スライファーの方法を組み合わせたのが、ハッブルとルメートルである。２人は独立に、銀河までの距離を変光星の

ヴェスト・スライファー

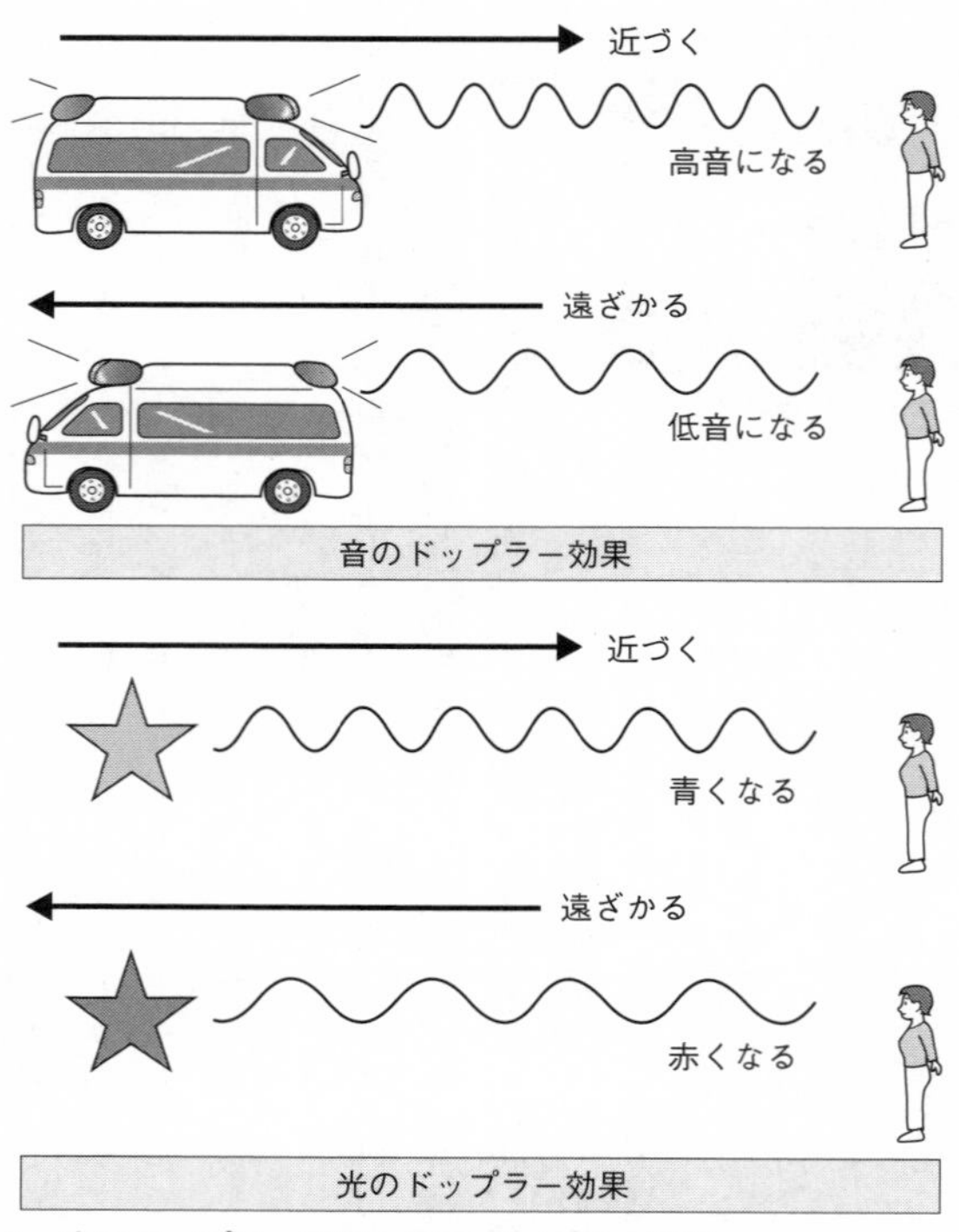

図2-4　音のドップラー効果と光のドップラー効果

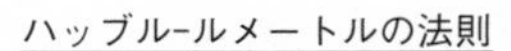

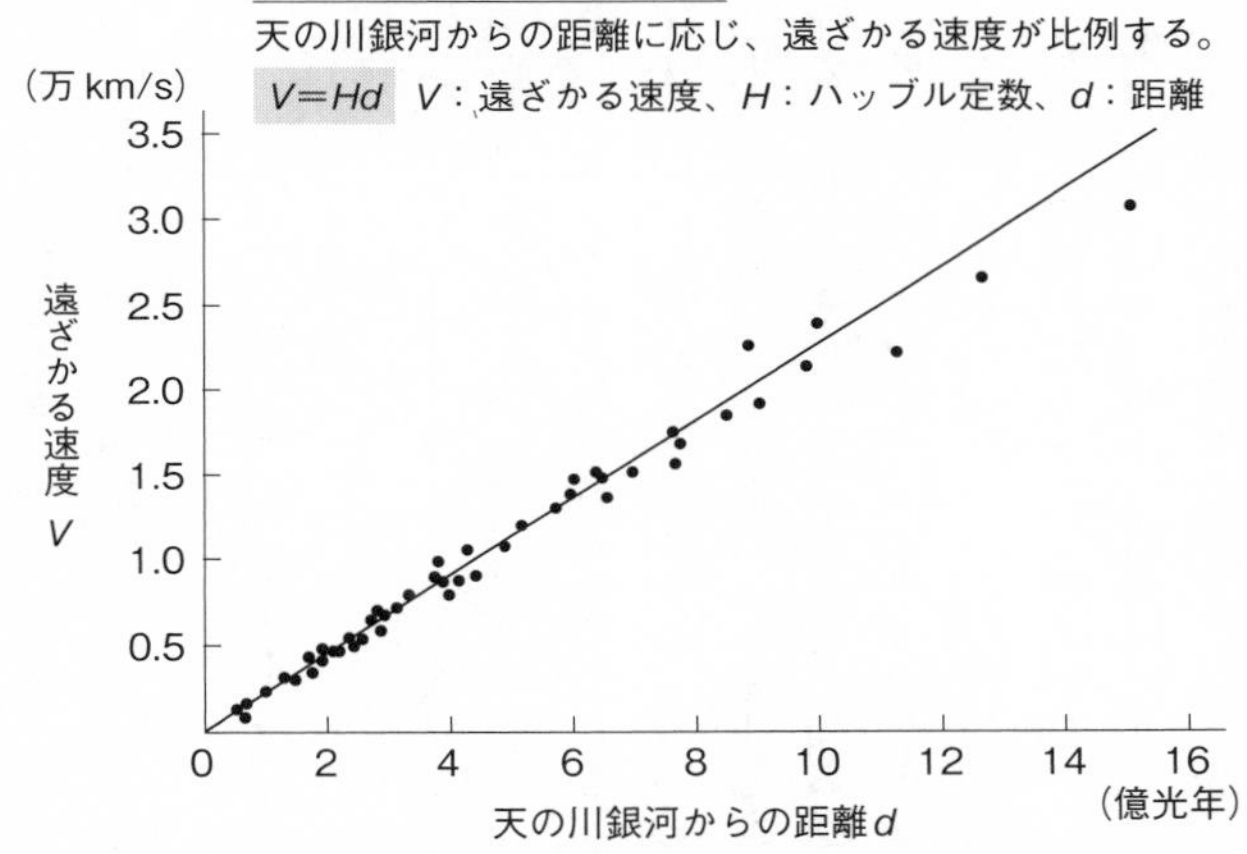

図2-5　天の川銀河から遠方の銀河までの距離と後退速度の観測

周期によって、後退速度を赤方偏移によって測定し、両者が比例関係にあることを見いだしたのだ。宇宙空間は膨張していたのである！　なお、この比例関係を表す比例定数をハッブル定数と呼ぶ（図2-5）。

宇宙が膨張していることを見いだしたルメートルは、次に膨張する宇宙の時間を反転させたらどうなるかと考えた。膨張を逆回しするわけだから、風船が縮んでいくように、宇宙は始まりへと向かって、どんどんと小さくなっていく。銀河や星などが、狭い領域に押し込まれていくことになる。やがて、宇宙全体が1点に集まる。宇宙の始まりだ。あまりにも密度が高いこの状態を、ルメートルは、1つの巨大な原子であると考えた。宇宙全体が1個の原子、「原初アトム」として誕生し、それが膨張とともに壊れていくことで、現在の宇宙が出来上がったと考えたのだ。ルメートルは、その原子に、宇宙卵というニックネームをつけた。

ガモフの考えた熱い宇宙の始まりビッグバン

ルメートルの考えをさらに推し進め、宇宙の始まりは密度が高いだけでなく、熱かったのではないかと最初に考えたのが、ジョージ・ガモフだ。1940年代中ごろのことであり、後にこの考えはビッグバンと呼ばれるようになる。

ガモフは、帝政ロシアに生まれ、ソ連の圧政を避けて1934年に米国に渡り後半生をそこで過ごした。当時新しい学問として誕生したばかりの量子力学を用いて、原子核や、さらには星の進化についての研究を行ったことで知られる。たとえば、先のアルファ崩壊を理論的に解明したのがガモフだ。また、米国に渡ってからは、一般向けの啓蒙書のシリーズを出版し、好評を博した。トムキンスという男を主人公にし、彼が夢の中で、特殊相対性理論を体験するというストーリーの『不思議の国のトムキンス』などのガモフ全集は、50歳代以上の元科学少年・少女たちにはおなじみの書籍だろう。何を隠そう、高校生のころの私の愛読書でもある。

ガモフはいたずら好きでウィットに富む、誰からも好かれる性格だったと伝えられている。た

ジョージ・ガモフ

とえば、中性子星などからニュートリノがエネルギーを抜き取る過程のことを、ウルカ・プロセスと名付けた。ウルカはブラジルにあるカジノの名前で、そこを訪ねたガモフと友人が、自分たちの手元からあっという間にお金が消えていくさまが、この過程を彷彿とさせる、ということで名付けたとのことである。先の架空の人物、トムキンスを共著者にして学術誌に論文を掲載しようとして失敗したり、牛の反芻がコリオリ力によって北半球と南半球で逆向きであるというインチキ論文を執筆してみたりと、彼のジョークは尽きるところを知らなかった。

原子核の研究から、星、ビッグバンと興味の赴くままに研究を展開していったガモフだが、その後は当時発見されて間もなかったＤＮＡの暗号解読に情熱を傾けた。今でいうゲノム研究である。原子核、ビッグバンからゲノムまで、興味の赴くまま学問そのものを心から楽しんだ、真の科学者がガモフであった。

さて、米国に渡った後、ガモフは宇宙でどのように元素が誕生したのかについて、考えを巡らせていた。折しも、量子力学が確立され、原子や原子核についての理解が十分に深まり、元素の生成について考えるときがまさに到来していた。１９４０年代前半のことである。本来は熾烈な先陣争いが繰り広げられるところだっただろう。しかし、このころ、ガモフのライバルとなる米国の物理学者たちは、すべて原爆製造に駆り出されていた。ソ連時代のキャリアからそこに加われなかったガモフには、元素の起源について考える十分な時間があったのである。

ガモフは、宇宙の始まりが熱い状態で、原子核といえどもバラバラになっていたと考えた。原子核の中に陽子や中性子を結びつけるエネルギーよりも、宇宙全体が高いエネルギーにあるために、結びついていられなくて、バラバラになる、というわけである。ガモフは宇宙がバラバラの中性子のみからスタートしたと仮定し、そこで何が起こるかを考えた。中性子は、時間が経つと陽子と電子、そしてニュートリノに壊れる。ベータ崩壊である。半減期はわずか10分11秒だ。陽子の一部はそのまま残り、水素原子となる。

一方、中性子のうちの一部だけが壊れた段階で、陽子との核融合反応が進むと、ヘリウムを作り出す。陽子と中性子がくっつくことで重水素ができ、そこからさらにヘリウムが作られるという仕掛けだ。宇宙の物質の大部分を占める水素とヘリウムの出来上がりである。

もう少し詳しく、ここで起きた反応について説明しよう（図2-6）。重水素ができると、重水素どうしが反応して、ヘリウム3（陽子が2個、中性子が1個）と中性子、または三重水素（陽子が1個、中性子が2個）と陽子ができる。ここでできたヘリウム3と三重水素がおのおの重水素と反

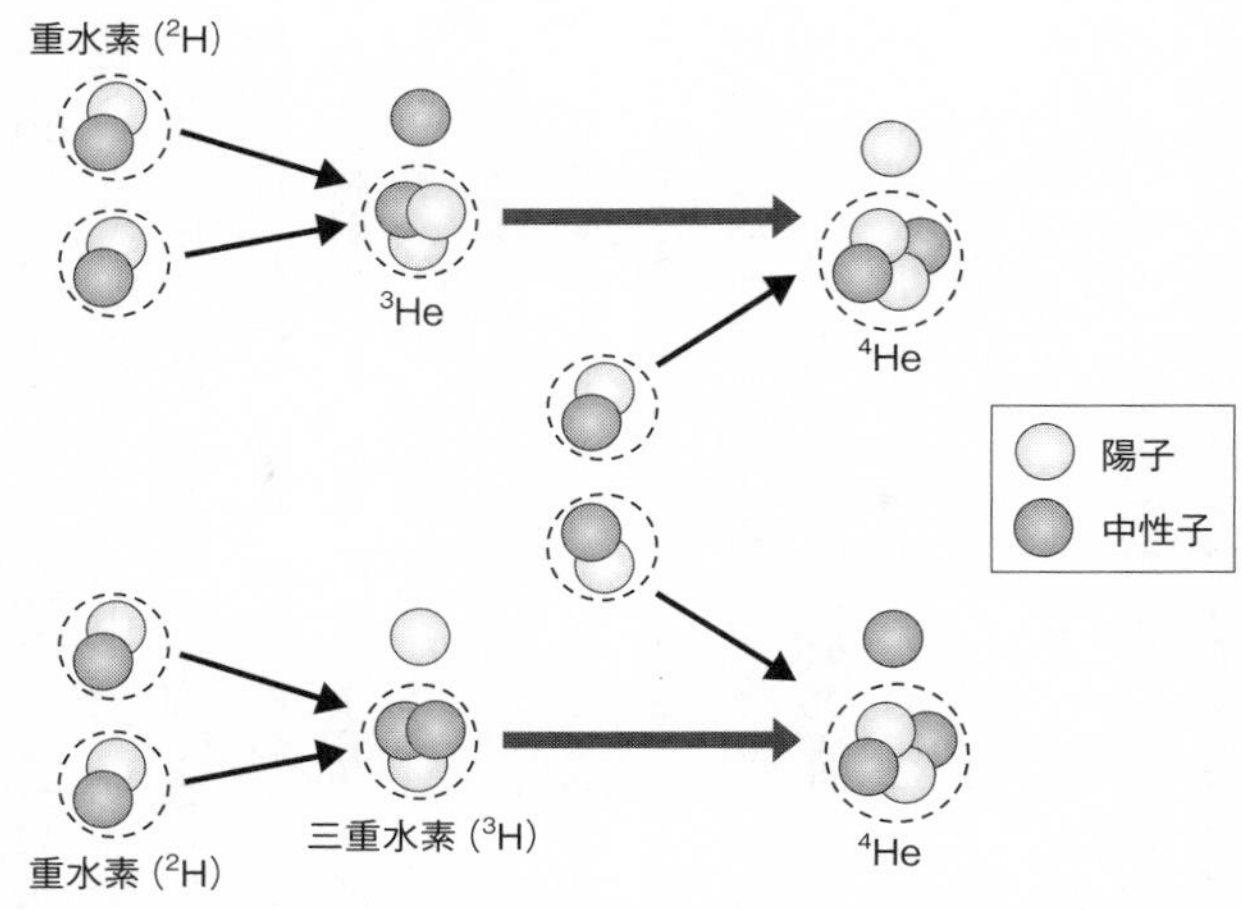

図2-6　ガモフの考えたビッグバンでのヘリウムの合成。水素とともに宇宙の元素の大部分を占めるヘリウム４は、重水素の核融合反応からヘリウム３か三重水素を経由して作られる

応することで、前者はヘリウム４と陽子、後者はヘリウム４と中性子になる、というわけだ。ヘリウム３、三重水素のどちらを経由するにしても、原料として重水素が３個使われて、ヘリウム４が１個できて、陽子と中性子が１個ずつ放出されることがわかるだろう。

さて、この核融合反応がうまく進むには一つ条件がある。宇宙が高密度、かつ高温でなければならないのだ。そこでガモフは、密度が高いだけでなく、高温でもあった宇宙の始まりを提唱したのである。高温の状態にある宇宙が、膨張によって、急激に温度を下げていく、と考えたのだ。非常に高温な中性子のガスの塊が、ガモフの考えた宇宙の始まりだ。

このような宇宙の始まりがどのように実現したのかについて、1948年のネイチャー誌の論文で、ガモフ自身は、「熱い中性子のガスの起源は（もし、限界を超えて想像力を働かせると）、現在の膨張に先立つ仮想的な宇宙の収縮によるものかもしれない」と述べている。始まりの前を考える代わりに、収縮から膨張に転じるいわゆる周期的な宇宙を仮想したのだ。また、外部から熱を加えずに収縮すると、温度が上昇する。断熱圧縮と呼ばれる現象である。収縮する宇宙は、熱い宇宙を用意するのに都合が良いのだ。

ガモフは、実際の元素の合成、すなわち核融合反応の計算を行うのに、自身の学生であったラルフ・アルファーの協力を仰いだ。アルファーとガモフは、中性子と陽子からヘリウムへの変換を計算することに成功した。ビッグバンの存在という仮説に基づいて計算を行うと、ちょうど良い水素とヘリウムの量を得ることができたのだ。

ところで、このすばらしい研究成果を発表する際に、ガモフの生来のいたずら心が首をもたげた。研究成果を広く世に問うためには、学術論文にまとめ上げなければならない。その際に、ガモフは「待てよ、アルファーとガモフ、といえばギリシャ語のアルファベット、アルファとガンマにそっくりじゃないか。あと、足りないのはベータだな」と考え、友人で後のノーベル賞受賞者、ハンス・ベーテの名前を付け加えたのである。実際にはこの研究に対して何の貢献もしていなかったベーテの名前を付け加え、世にアルファ・ベータ・ガンマ論文として知られる研究成果

PHYSICAL REVIEW　　VOLUME 73, NUMBER 7　　APRIL 1, 1948

Letters to the Editor

PUBLICATION of brief reports of important discoveries in physics may be secured by addressing them to this department. The closing date for this department is five weeks prior to the date of issue. No proof will be sent to the authors. The Board of Editors does not hold itself responsible for the opinions expressed by the correspondents. Communications should not exceed 600 words in length.

The Origin of Chemical Elements

R. A. Alpher*
Applied Physics Laboratory, The Johns Hopkins University, Silver Spring, Maryland
AND
H. Bethe
Cornell University, Ithaca, New York
AND
G. Gamow
The George Washington University, Washington, D. C.
February 18, 1948

As pointed out by one of us,[1] various nuclear species must have originated not as the result of an equilib-

We may remark at first that the building-up process was apparently completed when the temperature of the neutron gas was still rather high, since otherwise the observed abundances would have been strongly affected by the resonances in the region of the slow neutrons. According to Hughes,[2] the neutron capture cross sections of various elements (for neutron energies of about 1 Mev) increase exponentially with atomic number halfway up the periodic system, remaining approximately constant for heavier elements.

Using these cross sections, one finds by integrating Eqs. (1) as shown in Fig. 1 that the relative abundances of various nuclear species decrease rapidly for the lighter elements and remain approximately constant for the elements heavier than silver. In order to fit the calculated curve with the observed abundances[3] it is necessary to assume the integral of $\rho_n dt$ during the building-up period is equal to 5×10^4 g sec./cm³.

On the other hand, according to the relativistic theory of the expanding universe[4] the density dependence on time is given by $\rho\cong10^6/t^2$. Since the integral of this expression diverges at $t=0$, it is necessary to assume that the building-up process began at a certain time t_0, satisfying the relation:

$$\int_{t_0}^{\infty}(10^6/t^2)dt\cong5\times10^4, \qquad (2)$$

アルファ・ベータ・ガンマ論文

が発表されたのは1948年のことであった。ガモフは、論文がこの年の4月1日号に掲載されることを知って、このいたずらを仕掛けたともいわれている。

学生だったアルファーは、せっかくの自分の研究成果が、ガモフとベーテというビッグネームの陰に隠れることになって、悔しい思いをした。特に、何も貢献していないベーテの名前が論文に共著者として載ることについては、忸怩（じくじ）たる思いがあったに違いない。しかし、続いて、同僚のロバート・ハーマンとともに、非常に重要な研究発表を行う。ビッグバンでは、元素のみならず、高温の光も充ち満ちていたこと、その光は膨張とともに温度を下げ、宇宙の現在の温度が絶対温度5K（摂氏マイナス268℃）である、と予想をしたのだ。1948年のネイチャー誌に、「そして、現在の宇宙の温度はおよそ5Kであることがわかる」とある一言、これこそが、現在の宇宙に満ち溢れている宇宙マイクロ波背景放射の存在に対する最初の言及だ。この論文に、師であるガモフの名前がないのは、アルファーにとって精一杯の抵抗だったのかもしれない。なお、なぜビッグバンでは光の存在が考えられ、その温度が現在とても低いのかについては、第4章で詳しく解説する。

このように、ビッグバン宇宙論は、水素、そしてヘリウムという軽い元素の起源を説明し、また宇宙に充ち満ちている光の存在を予想したのである。

定常宇宙とビッグバンの論争

ビッグバン宇宙論はすぐに世の中に受け入れられたわけではない。特に、ビッグバン宇宙論とほぼ時を同じくして、ケンブリッジ大学のフレッド・ホイルを中心としたグループが提唱した定常宇宙論との間で激しい論争を巻き起こすこととなる。

定常宇宙論とは、宇宙には始まりもなければ終わりもなく、膨張しながらずっと続いていくというモデルである。膨張していくので、放っておくと、どんどんと空っぽになっていく。そこで、物質がわき出してきて、減った分を埋め合わせる、と仮定する。また、この理論では、元素は、すべて恒星で作られると考える。恒星の中で、水素を原料に核融合反応が起こり、ヘリウムをはじめさまざまな元素を生み出すというのだ。

定常宇宙論には、始まりという特別な時間を考えなくて済む、という利点があった。また、宇宙というものが時間とともに大きく変貌しない、という考え方は、安心感を人々に与えてくれるものでもある。さらに提唱者のフレッド・ホイルは、少々ジョークが過ぎるときがあるガモフとは違って、気難しいところもあるがきわめてまじめで、当時のイギリス天文学会のトップともいえる人物であった。ケンブリッジ大学の最も伝統ある教授職の一つであるプルミア教授職につき、ナイトの爵位も受けている。ホイル卿というわけだ。スティーヴン・ホーキングが大学院でケンブリッジを選んだ理由はホイル教授に師事したかったからである。もっとも、ホイルは忙しすぎたため、ホーキングの指導を断った。後から振り返ってみれば、もしホーキングがホイルの学生として受け入れられていたら、定常宇宙論の研究に従事して、貴重な時間を無駄にしてしまったかもしれない。これもまた歴史のあやである。とにかく、当時、天文学研究の世界的権威であるホイル卿が提唱したのが定常宇宙論なのだ。

フレッド・ホイル

一方、始まりのあるビッグバン宇宙論には、意外な方面からの援軍があった。キリスト教会である。神によって宇宙は創生された、という立場をとるキリスト教にとって、ビッグバン宇宙論は都合の良いものであった。もっとも、興味深いことに、神父でもあったルメートルは、宗教と科学は、きちんと分けるべき、という考えを持っていて、ビッグバンを創世記と結びつけることに反対であったという。

両者の論争は果てしがなかった。ホイル陣営が、ガモフの理論では、ヘリウムよりも重い元素ができないことを指摘すると、ガモフは、「宇宙の大部分を占める水素とヘリウムが説明できるからそれで良いじゃないか」とどこ吹く風であった。また、ホイルが、ラジオ番組でガモフの理論をからかって、「彼らは、宇宙がビッグバン（大爆発）で生まれたなんて言うんだ」と言ったことから、ビッグバンの名前が生まれたことは、科学史上に残る皮肉といえよう。ビッグバンの最大の敵だったホイルがビッグバンの名付け親となったのである。実際、２００１年にホイルが亡くなったときのＢＢＣニュースのヘッドラインは「ビッグバン天文学者死す」であった。

論争に最終的に決着がつくのには、１９６４年の宇宙マイクロ波背景放射の発見を待たねばならなかった。

第3章

宇宙マイクロ波背景放射の発見

ビッグバンの決定的な証拠は思いがけないところからやってきた。ベル研究所の2人の若き電波天文学者、アーノ・ペンジアスとロバート・ウイルソンが、天の川銀河の水素ガスが出す電波

アーノ・ペンジアス（右）とロバート・ウイルソン

を捉えようとした際に、偶然に、ビッグバンからの電波、すなわち宇宙マイクロ波背景放射を発見したのだ。

ベル研究所は、電話の発明者であるグラハム・ベルが19世紀に設立した研究所に起源を持ち、米国の電話事業の最大手であるAT&Tが設立した研究所である。1959年に、ベル研究所は衛星通信を実現するために、米国、ニュージャージー州ホルムデルに6m口径のホーンアンテナを設置した。このアンテナで、衛星に見立てた上空の気球から反射されてくる微弱な電波を捉えるというわけである。そのために、非常に感度の良い受信機も作成した。

役割を終えたこの装置を、電波天文学に利用してやろう、と考えたのがペンジアスとウイルソンだ。これまでにない高感度受信機を利用して、中性水素が出す波長21㎝の電波を測定し、天の川銀河での中性水素の分布を求めようとしたのである。ここで中性水素とは、おなじみのH_2という分子ではなく、原子単体で存在していて、電子をまとって中性の状態にあるものを指し、中性水素原子とも呼ばれる。中性水素のガスは、水素分子ガスと比べると、天の川銀河の中心から離れたところに分布していることが今では知られている。

ペンジアスとウイルソンは、天の川銀河の中心部だけでなく、その周辺にどのように中性水素が分布しているのかに特に興味を持っていた。天の川銀河は、天の川として肉眼でも見える部分は中心方向であり、その中心部には星の大集団であるバルジと呼ばれる楕円形をした構造がある。また、その外側には渦を巻いた円盤形の構造（ディスク）がある。私たち太陽系は、中心から2万8000光年ほど離れた円盤部にいるのだ。しかしこれ以外にも円盤部の外側に、円盤部を包み込む大きな「まゆ」のような構造が広がっていると考えられている。これをハロー（暈(かさ)）と呼ぶ（図3-1）。このハローにどれだけの水素が存在しているのかを調べるためには、円盤部にいる私たちは、天の川とは逆の方向、つまり、一見何もない領域を見る必要がある。もし、そこから波長21㎝の電波がやってきていれば、それはハローに存在する中性水素が出している、と推論できるのだ。

1963年、波長21㎝での観測の前に、まず波長7・35㎝の電波を増幅する装置が導入された。これによって、これまでに電波を出すことがわかっている天体が、この波長でどれだけ輝いているのかを調べるとともに、天の川銀河のハローの測定も行う予定であった。ハローにある水素ガスは、21㎝の波長の電波以外にも、温度が高ければ、その温度に応じた電波を放射しているはずなのである。ガスの温度と放射する光の関係については、次章で詳しく述べるが、温度が低

円盤上部から見た天の川銀河の
構造（NASA）

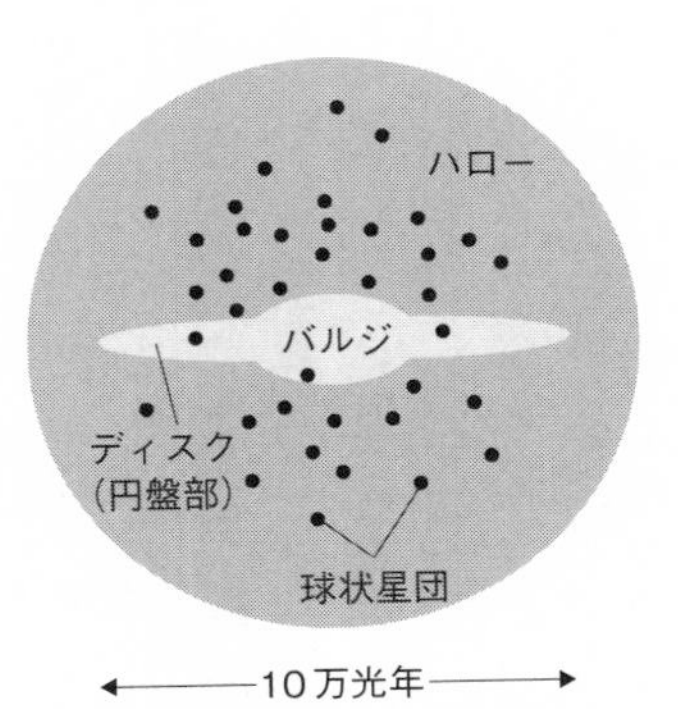

円盤側面から見た天の川銀河の
構造

図3-1　天の川銀河の構造の概略

ければ低いほど、同じ波長の電波は弱いものになる。彼ら以前の観測によって、天の川銀河のハローに存在しているガスは、とても冷たく、あまり電波を出していないことが予想されていた。つまり、波長７・３５㎝での観測では初めから何も受けられないはずなのである。何も受けられないことを確認するための観測というわけだ。このことは奇妙に聞こえるかもしれない。

しかし、宇宙からやってくる微弱な電波を捉えるためには、ありとあらゆる雑音を封じ込めなければならない。たとえば地上からも電波は出ている。アンテナ自身も出す。検出器にも雑音は入り込む。もし信号が来ているはずの波長でいきなり観測を行ったら、受けたものが信号なのか、それとも雑音なのか、わからないのである。そこで、雑音をきちんと抑えきれているかを調べるために、電波が出ていないと予想される波長、そして空の領域を測定して、何も信号を受けていないことを確認する必要があるのだ。

謎の電波雑音

ペンジアスとウイルソンはさっそく、波長７・３５㎝での観測を実行した。するととんでもないことが起こる。思ってもみなかった雑音成分の存在に悩まされることになったのだ。

電波天文学では、電波の強度をアンテナ温度というものに換算することがしばしばある。波長が同じであれば、強度が強いほど温度が高い。高温の物体（天体）ほど強い電波を出しているから、アンテナが受けた電波強度を温度に読み替えることができるのだ。詳しくは次章で解説する。ここでは、温度は電波の強さを表していること、また、いろいろな成分の電波が混じっているときは、おのおのの持つ温度の合計の温度が観測される値になることだけを知っておいてもらいたい。

彼らが得た結果は、アンテナ温度で、絶対温度7・5Kというものだった。これは、考えられるすべての電波源から来る雑音の合計でなければならない。大気からの雑音が2・3K、アンテナの壁と地面からの雑音が1・0Kを与えることまではわかった。これで3・3Kである。しかし、残りの4・2K分がどうしてもわからない。この謎の雑音の正体を明らかにしておかないと、波長21㎝での天の川銀河ハローの測定は不可能になってしまう。測定した電波が、信号なのか雑音なのか、区別がつかないからである。

そこで、彼らはいくつかのありそうな雑音の原因をリストアップしていった。

まず、大気の雑音が2・3Kよりもっと高い可能性。しかしこれは大気の電波強度を測定するほかの観測の結果から、ありそうもないことがわかる。

次に、人間が作り出した電波が紛れ込んできている可能性。当時、すでにラジオ放送はあり、テレビも登場していた。地球という惑星は、人工的な電波で強く輝いている天体なのだ。人工的な電波は、都市部でその強度が特に強くなるはずである。ペンジアスとウイルソンが観測を行っていたニュージャージー州は、大都会ニューヨークのすぐ隣だ。そこで２人はさっそく、望遠鏡をニューヨークの方向に向けてみた。しかし、アンテナ温度の上昇は見られなかった。それ以外のどの方向に向けても、電波塔からによると考えられるアンテナ温度の上昇は見られなかったのである。

次は、天の川銀河自身が電波を出している可能性。そこにあるガスが、これまで考えていたよりも高温な場合に相当する。しかし、これ以前の電波望遠鏡による観測から、天の川銀河からの電波は波長７・３５cmではたかだか０・０２Ｋ程度でしかないことが予想された。また天の川銀河が起源だとすると、その構造を反映して、電波の強度が方向によって強くなったり弱くなったりすると考えられる。帯状の天の川に沿って電波が強く放射されているはずなのだ。しかし、どの方向へ向けても電波強度は同じであった。これらのことから、天の川銀河自身が電波を出している可能性も消された。

２人は、太陽系外で電波を出している点源（天体）による寄与についても調べた。しかし、これも電波強度は弱く、最大強度を持っている点源でさえ７Ｋであった。このような天体が空を埋め尽くしているとは考えにくい。

最後に残された可能性が、アンテナ自身による雑音だ。調べてみると、アンテナがくびれている部分で、0・9Kに相当する抵抗損失があることがわかった。しかしこれでは4・2Kの雑音のごく一部でしかない。また、つがいの鳩がホーンアンテナに巣を作っており、ウイルソンいわく「白い物体」でアンテナを汚していた。そこで鳩を追い出し、掃除をしたが、ほとんど雑音は減ることがなかった。

そうこうしているうちに、1年の年月が流れた。1年の間に雑音に変化がない、ということから残された2つの可能性についても否定されることになる。1つ目は、太陽系内の天体起源である可能性。この場合には、地球が位置を変えていくために、1年の間に大きく電波の到来する方向が変わるはずだが、そのようなことはなかった。2つ目は、核実験による影響である。1962年に高高度で連続して行われた核実験は、地球の電離層に大きな影響を及ぼし、人工オーロラを発生させるとともに、停電も引き起こした。その際には、電磁パルスと呼ばれる強力な電波が放出されることが知られている。しかし、たとえ、この影響が残っていたとしても、1年の間には大きく減るはずである。

結局、どうがんばってみても、4・2Kから抵抗損失の0・9K分を引いた残り、3・3Kの正体不明の電波雑音が残ってしまう。ペンジアスとウイルソンはほとほと困り果てた。この値は、アンテナのくびれの部分の材質を置き換えたりしても、ほとんど変わることはなく、最終的には、消すことのできない雑音のアンテナ強度として、誤差も含めると、3・5±1Kが残されたのである。

思いがけない問題解決

雑音に悩まされている2人に、思いがけないところから問題解決の手がかりがもたらされることとなる。ペンジアスが、マサチューセッツ工科大学の電波天文学者、ベルナルド・バークと別件で打ち合わせをしているとき、ついでに正体不明な雑音について愚痴ったところ、「そういえば、最近プリンストン大学のロバート・ディッケ教授のグループのジム・ピーブルスとかいう若手研究者が、宇宙に電波が満ちている可能性がある、という理論的な研究をしていたなあ」と教えてくれたのだ。

さっそく、ペンジアスはディッケと連絡をとり、ピーブルスの論文を送ってもらうよう依頼した。その論文でピーブルスが考えていたのは、膨張と収縮を交互に繰り返す振動宇宙だった。収縮する際には、宇宙全体の温度が上昇し、密度も高くなる。ビッグバンの状態になるのである。膨張へと転じる直前には、十分に温度が高くなり、それまでに作られた元素はバラバラになり、陽子と中性子に分解される。ちょうどビッグバンの初期状態が実現されるのだ。収縮から膨張に転じる宇宙、というのは、まさにガモフが考えていたモデルと同じである。

ディッケは、そのような宇宙には、光が充ち満ちていて、ひょっとしてその強度が十分に強ければ、今現在でも観測できるのではないかと考えた。温度が高ければ、それに応じた光が存在するからである（第4章参照）。そこで、ピーブルスに言って、どのくらいの温度の電波になるかを調べさせた。ピーブルスの得た値は、10Kであった。この強度なら技術的に十分に観測可能である。ピーブルスの計算結果を受けて、さっそく、ディッケたちは、実際に電波を捉えるための実験の準備を進めた。ペンジアスがディッケと連絡をとったのは、ちょうどこのタイミングであった。

こうして見ると、プリンストン大学のディッケのグループは、ガモフのビッグバンのアイデアや、アルファーとハーマンが予想した宇宙の温度についての研究を、なぞっていたにすぎないように思える。後に、私がピーブルス本人に聞いたところ、プリンストン大学のグループは、アルファーとハーマンの仕事をよく知らなかったのだという。振動する宇宙、というアイデア自身はそれ以前にもあったので、それに基づいて、きちんと電波の温度を計算してみた、とのことである。

アルファーとハーマンの予想が観測できるとは1940年代当時、誰も思っていなかった。しかし、プリンストン大学グループは、自らの手で再計算を行い、そしてそれを捕まえようと試みたのだ。それがすんなり成功していたら、ノーベル賞は、ディッケらの手に渡っていたことだろう。たまたま、ペンジアスとウイルソンが1年前に、それと知らずに目的の電波を見つけてしまっていた、ということは、歴史のあやといえるのではないだろうか。

ディッケは、論文を送った後、すぐに自身のプリンストン大学のチームを引き連れて、ペンジアスとウイルソンが観測を行っている場所を訪ねた。そして、２人の電波測定がきちんとしていることを確認し、自分たちが探していたものがそこにすでに見つかっていることを認めざるを得なかった。私は、このときの気持ちについても、ピーブルスに尋ねてみた。その答えは、「自分が理論的に予想していたものが、きちんとあることがわかって純粋にうれしかった」というものだった。幾分か強がりは入っているかもしれないが、ノーベル賞を逃したことよりも、研究者としての満足を語るピーブルスの姿に、超一流の研究者はかくあるべし、と感銘を受けたものである。しかし、ついに２０１９年、そのピーブルスがノーベル物理学賞を受賞することとなった。長年のビッグバン宇宙論に関する功績が認められてのことだが、50年越しの受賞ともいえ、感慨深いものがある。

ビッグバンの勝利

雑音の正体のメドがついたペンジアスとウイルソン、そして探していた電波がすでに見つけら

れていたことを知らされたプリンストン大学チームは、お互いに納得し、おのおの論文を書くことにした。そこで、米国の天文学専門雑誌、アストロフィジカル・ジャーナルの同じ号に掲載されるように調整したのである。まず、ディッケとプリンストン大学のチームが、「宇宙黒体放射」というタイトルで、ペンジアスとウイルソンの受けた電波がビッグバン起源と解釈できることを書いた。そこでは、ビッグバンがあれば、電波が現在観測され得ること、そのための準備をしていたこと、ペンジアスとウイルソンの受けた電波がそれであることなどが述べられている。

プリンストン大学チームの論文のすぐあとに続くのが、ペンジアスとウイルソンの「波長7・35cmでのアンテナ温度の超過」というタイトルの論文だ。そこには、この波長で空のあらゆる方向からやってくる温度3・5Kの電波を受けた、という事実が書いてあるだけで、解釈については、ディッケたちの論文に譲る、とある。

この2本の論文は、ビッグバン宇宙論にとって、記念碑的なものとなった。3・5Kの温度の電波（この値は後にもう少し低い約3Kであることがわかった）、すなわち宇宙マイクロ波背景放射の発見によって、ビッグバンの存在が証明されたのである。この成果によって、ペンジアスとウイルソンは1978年のノーベル物理学賞を受賞することになる。なお、最初に理論的にビッグバンを提唱したガモフは、残念なことに1968年にこの世を去っていたために、受賞の対象とはならなかった。

ホイルら、定常宇宙論研究者は、この決定的証拠を前に内心は敗北を認めざるを得なかっただろう。それでも彼らは、全天からやってくる宇宙マイクロ波背景放射の起源を、3Kほどの温度を持った宇宙空間に漂う冷たいダスト（塵）に求めるなど、その後も抵抗を続けていった。

しかし、宇宙中に漂うダストがすべて同じ温度であるなどとは考えにくく、彼らの主張は受け入れられなくなっていった。私には、1990年ごろ、高齢になった定常宇宙論提唱者のグループが国際会議に現れて、「我々を無視しないでくれ」と訴えていたのが思い出される。観測に基づかない主張の無力さ、虚しさを感じさせる一幕であった。しかし、じつはまったく別な形で定常宇宙論のエッセンスはよみがえることとなる。それがインフレーションである。これについては、第6章を待ちたい。次章では、温度と光の波長の関係について見ていくこととしよう。

第4章

宇宙の温度のミステリー

ビッグバンは、非常に高温、高密度の状態にあった宇宙の始まりだ。あたかも宇宙全体が小さな火の玉のような状態であったと考えられる。

しかし、前章に述べたように、現在の宇宙の温度は絶対温度３Ｋというとてつもない低温だという。灼熱の火の玉だった宇宙がどのようにして現在の極低温の宇宙に至ったのだろうか。また、マイクロ波という電波の測定によって、どのようにして宇宙の温度が３Ｋであることがわかるのだろうか。そもそも温度とはいったい何なのであろうか。本章では宇宙の温度とそこに満ち溢れている光の関係について述べる。

光のエネルギーで測る温度

ここで改めて気になるのが、宇宙の温度をどうやって測定するか、という問題である。日常生活で感じる温度とは、空気や地面の暖かさの度合いだろう。これは、空気を構成する窒素や酸素といった分子の運動エネルギーで決定される。そもそも、空気や固体などを構成している原子や分子は、けっして止まっているわけではない。つねに乱雑に揺れ動いているのだ。

このことに最初に気づいたのが、アインシュタイン

アルベルト・アインシュタイン

だ。すでに19世紀には、水の表面に浮遊する花粉から出た粒子が、ランダムに運動する現象が見つけられていた。発見者の名前をとって、ブラウン運動という。このブラウン運動は、水の分子が粒子にたえず衝突することで、分子の持つ乱雑な運動が受け渡されて生じているとアインシュタインは見抜いたのだ。１９０５年、世に名高い「奇跡の年」に論文は出版されている。この年、アインシュタインは、一般にもよく知られている特殊相対性理論、量子力学に大きく貢献した光電効果、そして熱力学・統計力学に貢献したこのブラウン運動の論文を相次いで発表した。たった一人の物理学者によって、物理学の新たな扉が何枚も開かれた年を記念して、「奇跡の年」と呼ばれているのである。

さて、分子や原子は止まってはいなかった。たえず乱雑な運動をしていることが明らかになった。この乱雑な運動の度合いこそ、温度なのだ。温度が低いと個々の分子の乱雑な運動が小さくなり、その結果、分子の持つ運動エネルギー全体も小さくなる。温度が高いと、分子が活発に運動し、大きな運動エネルギーを持つ。温度は、原子・分子の（乱雑な運動の）運動エネルギーに比例するのである。

逆に考えれば、分子の運動エネルギーを測定すれば温度が求められるということになる。温度計の仕組みもこの原理に基づいている。周囲の空気の分子の乱雑な運動が温度計のガラス容器をたたく。このことにより、ガラス容器を構成する二酸化ケイ素分子が乱雑に運動をする。その分子の運動が、容器内の水銀やアルコールなどの原子・分子の運動へと伝えられる。水銀原子やアルコール分子の運動エネルギーが大きいと、より大きく膨張する、ということで水銀柱が上がっていく。水銀柱の高さが運動エネルギー、すなわち温度を表すというわけだ。

しかし、これ以外にも温度を測る方法がある。それは光である。温度に応じて、物体を構成している原子や分子は乱雑な運動をする。この運動によって、原子から光が放出されるのだ。温度が高いほど、大きなエネルギーを持って運動することから、出される光のエネルギーも大きなものとなる。放射される光のエネルギーが温度を表すのである。物理学的には、光のエネルギーは温度に比例する。

光のエネルギーについて説明する前に、ここで温度の定義について簡単に見ていくこととする。まずおなじみの摂氏は、１気圧での水の凝固点（氷点）を０度、沸点を１００度と定義している。氷になる温度と、沸騰して水蒸気になる温度、というわけだ。単位は、℃で表される。これに対し、絶対温度は、原子の乱雑な運動がなくなる点を０度とする。これが０Ｋだ。温度の刻み幅については摂氏と同じで、０Ｋ＝マイナス２７３・１５℃という関係が得られる。原子・分子の乱雑な運動のエネルギーが温度なのだから、０Ｋより低い温度はあり得ないことになる。絶対零度と呼ばれる所以（ゆえん）である。

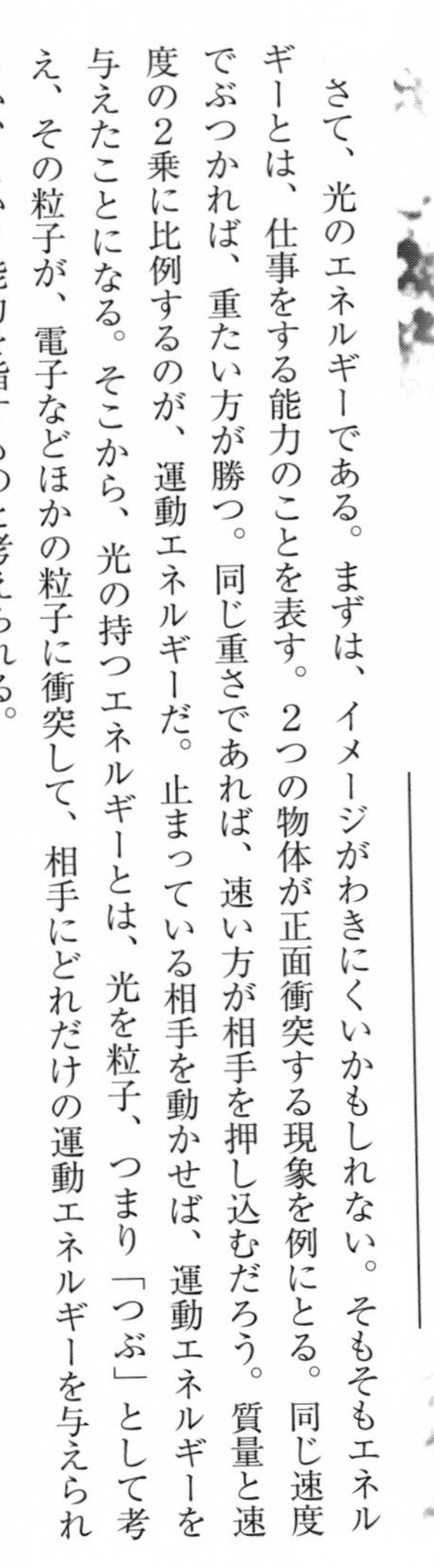

波と粒子：光の持つ二面性

さて、光のエネルギーである。まずは、イメージがわきにくいかもしれない。そもそもエネルギーとは、仕事をする能力のことを表す。２つの物体が正面衝突する現象を例にとる。同じ速度でぶつかれば、重たい方が勝つ。同じ重さであれば、速い方が相手を押し込むだろう。質量と速度の2乗に比例するのが、運動エネルギーだ。止まっている相手を動かせば、運動エネルギーを与えたことになる。そこから、光の持つエネルギーとは、光を粒子、つまり「つぶ」として考え、その粒子が、電子などほかの粒子に衝突して、相手にどれだけの運動エネルギーを与えられるか、という能力を指すものと考えられる。

しかし、そうは言うものの、光は本当に「つぶ」なのだろうか？　質量を持たない光を粒々として考えるのは、少し奇妙に思われるだろう。実際、粒子ではなく、波ではないかという考えが古くからあった。波は、媒質の振動が伝わっていく現象である。粒子は、それ自身が動いていくから、両者はまったく相入れない考えと思われていた。

光が波か、それとも粒子かの論争は、17世紀から18世紀、ニュートンの時代にまで遡る。ニュートン自身は粒子であるという立場であった。ニュートンの論点の一つは、反射しても直進する

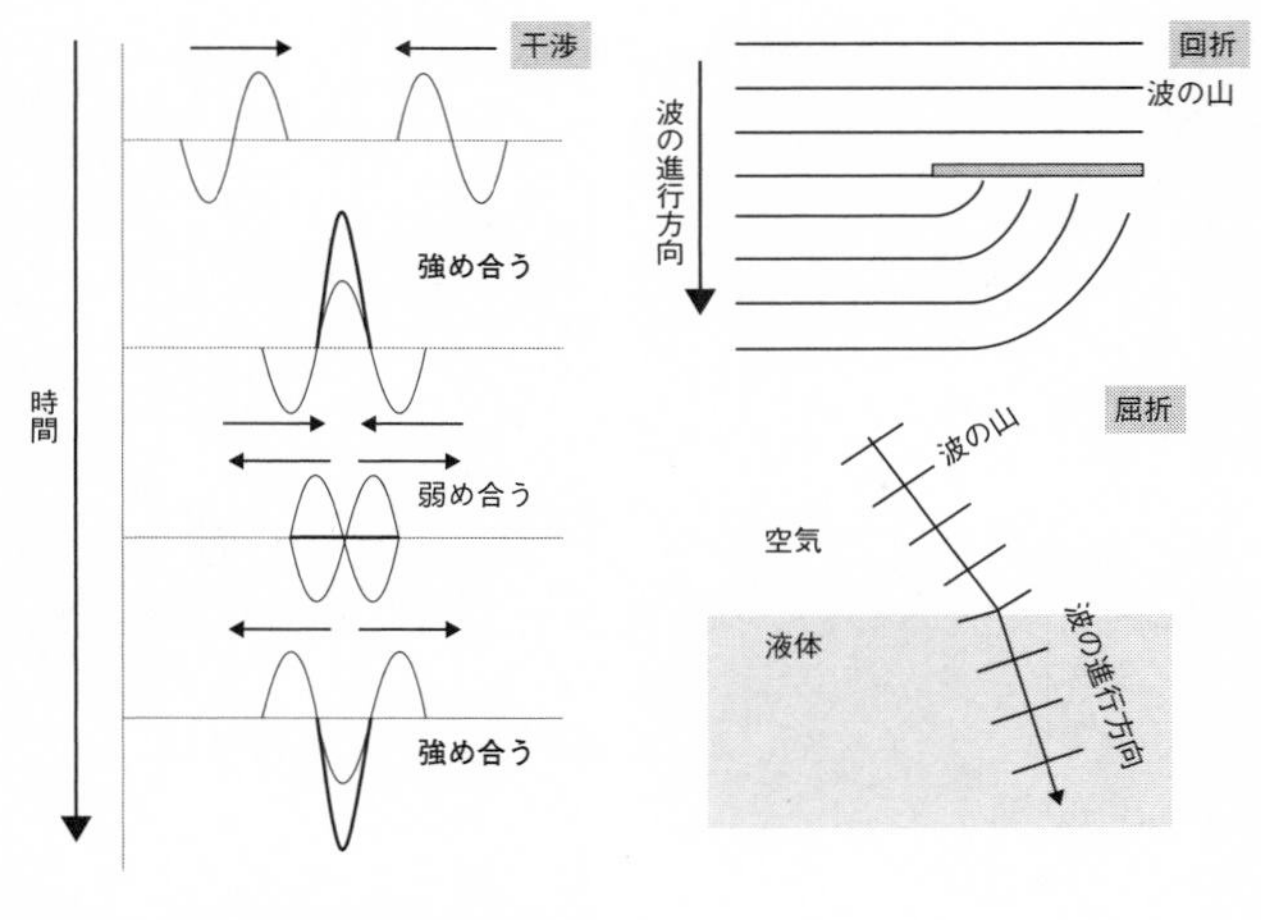

図4-1　波の干渉、回折と屈折

光の性質は、波ではなく粒子だからであるというものだ。粒子であるという立場に基づき、『光学』という本を１７０４年に出版している。一方、同時期にロバート・フックやクリスティアーン・ホイヘンスは、波であるという論陣を張った。ホイヘンスらは、波と考えると屈折という現象をうまく説明できることを示したのである。高校の物理で習うホイヘンスの原理だ。波という性質は、屈折や、前方にある物体を回り込む回折という現象、さらには光が強め合ったり弱め合ったりする干渉という現象など（図４-１）をうまく説明できることが次第に明らかになってきた。その結果、19世紀中ごろまでには、光は波である、というのが定説となっていったのである。19世紀末には、ジェームズ・マック

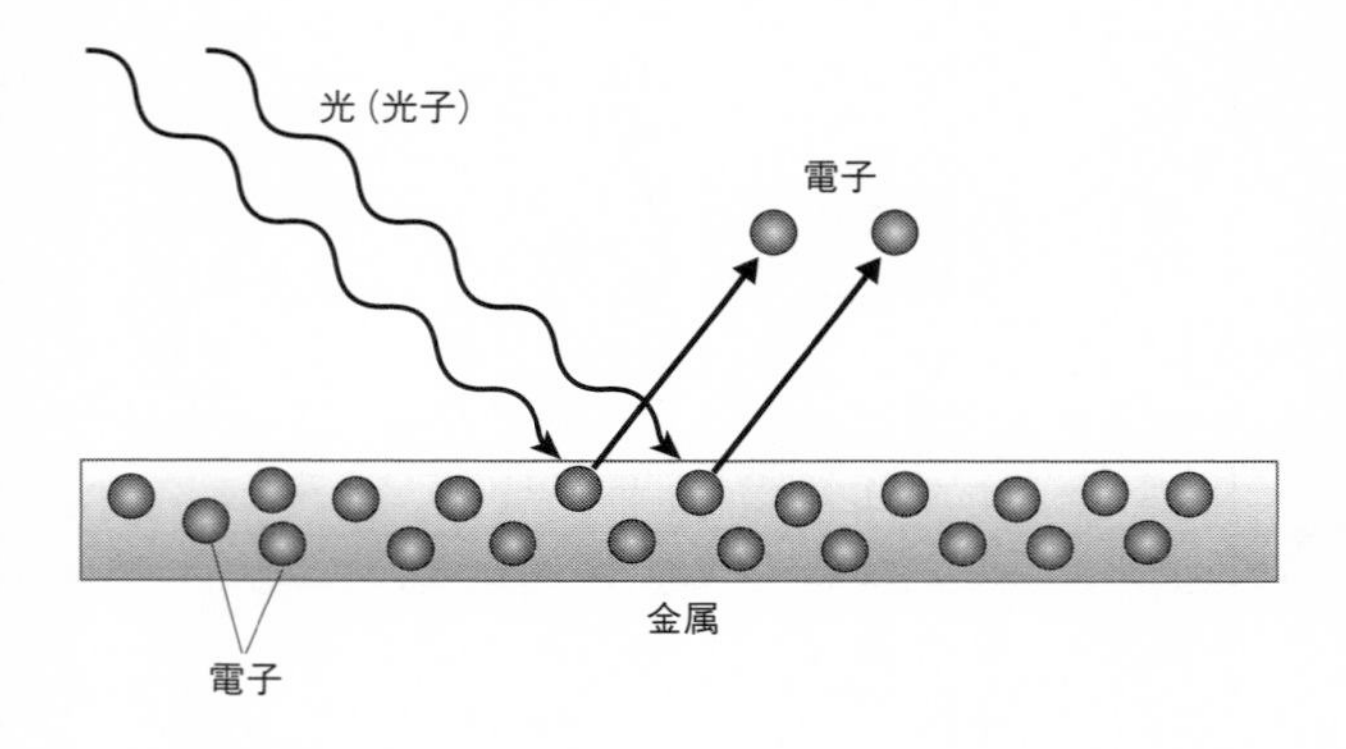

図4-2　光電効果

スウェルが完成させた電磁気学の方程式によって、光の伝播が波の従う方程式で表せることが明らかになった。この時点で、光が粒子ではなく、波であることを疑うものはいなくなった。

ところが話はそれほど単純ではなかった。20世紀になり、ミクロの世界を記述する量子力学が誕生すると状況がガラリと変わったのである。たとえば、アインシュタインの光電効果である。奇跡の年の成果の一つである光電効果とは、金属中の電子が、光を当てることで外にたき出される、というものである（図4-2）。これはまさに、光が粒子であり、電子と衝突することでエネルギーを受け渡した、と考えるとうまく説明がつく。アインシュタインの光を粒子として考える仮説のことを光量子仮説と呼ぶ。アインシュタインは、この業績により（相対性理論ではなく）、ノーベル物理学賞を受賞している。

では、いったい光は粒子なのか、波なのか、どちらなのだろうか。じつは、その両者の性質を併せ持っているのである。これを粒子と波の二重性という。光の持つ２つの性質は、波長によって現れ方が異なってくる。長い波長の光では、回折や干渉といった波の性質（図４-１）が色濃く見られる。一方で、波長の短い光では、粒子として物をたたくという性質（図４-２）が強く現れてくるのである。このことは、光の粒子としてのエネルギーが、波長で決まることと関係する。光のエネルギーは、波長に反比例するのだ。波長が短いほど大きなエネルギーを持つ。エネルギーが大きな光は、粒子としてエネルギーを与える能力も高いため、粒子性がより強く見える、というわけである。

さまざまな波長の光とエネルギー

ここまで、光のエネルギーが波長で決まることを見てきた。波長が短いほど大きなエネルギーを持つのだ（図４-３）。波長が短い光の代表がX線やガンマ線である。X線の波長は10ナノメートル（1㎜の10万分の1）以下、およそ1ピコメートル（1㎜の10億分の1）までの範囲で、可視光の３８０ナノメートルから７８０ナノメートルに比べ、はるかに短いことがわかるだろう。可視光

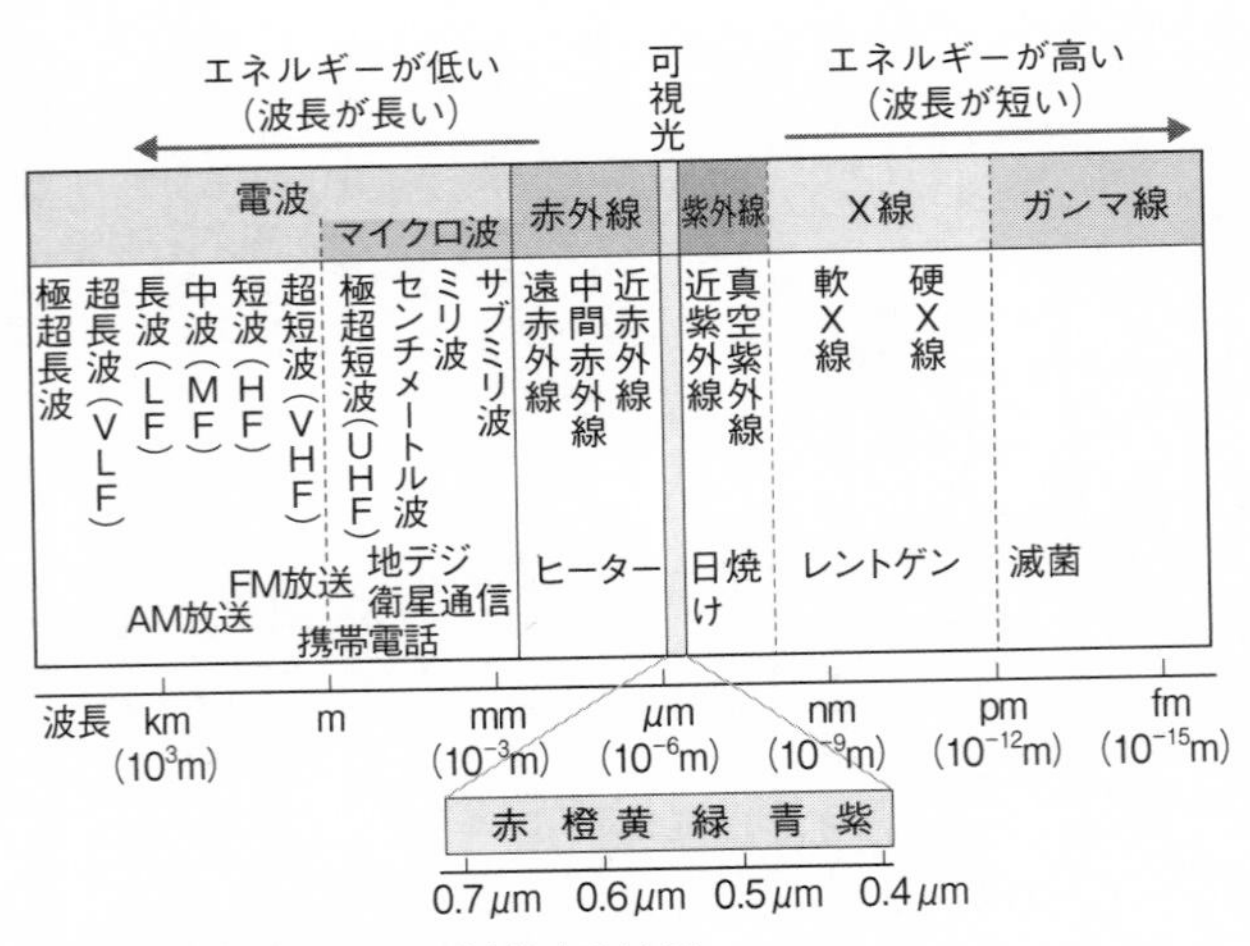

図4-3　電磁波の名称と対応する波長
波長は3桁ごとに目盛りを振ってある。名称の境界（特に点線）は必ずしも厳密に定義されていない。

とX線の間が紫外線だ。また、ガンマ線はX線よりもさらに波長の短い光である。

光が大きなエネルギーを持つ、ということは透過力が強いことにつながる。衝突して相手をはねとばし、貫通していくからである。粒子として、高いエネルギーを持っている、ということが理解できるだろう。可視光は人体に入り込むことはできないが、より波長の短い紫外線は皮膚の中に侵入してダメージを引き起こす。日焼けや皮膚がんなどである。さらに波長の短いX線は、骨などを除いて人体を透過する。レントゲン写真を思い浮かべてほしい。最もエネルギーが高いガンマ線は、がん細胞をたたいて退治するために使われる。

逆に、可視光よりも波長の長い光は、赤外線だ。波長はおよそ８００ナノメートル（０・８マイクロメートル）から４００マイクロメートル（０・４㎜）程度までである。赤外線よりも長い波長になると、電波と呼ばれる。１㎜までの波長をサブミリ波、１㎝よりも短いものをミリ波、10㎝までをセンチメートル波、１ｍまでを極超短波（ＵＨＦ）と呼ぶ。これらをまとめて、電波でも波長の短い光、ということでマイクロ波と総称する。ＵＨＦは、地デジで使う波長である。

これらより長い電波に、超短波（ＶＨＦ）、短波、中波、長波、超長波、極超長波がある。波長が長くなるほどエネルギーが低くなる代わりに、波として、障害物を回り込む性質などが顕著になってくる。波長よりも短い物体は、回り込めるのである。たとえばＡＭラジオ放送に使われる中波では、波長は数百ｍである。ビルなどは簡単に回り込めるのだ。そのため、より波長の短いＦＭ放送やテレビに比べ、ＡＭ放送は山間部でも聴くことが可能となる。

熱放射

ここまでをまとめると、光は波長が短いほど、エネルギーが高い。一方で、光のエネルギーは温度に比例するので、波長が短いと温度も高いことになる。小学生のころ、青い星は赤い星より

も温度が高い、と習った覚えはないだろうか。青、つまり波長の短い光は、赤、すなわち波長の長い光よりも温度が高いのである。

このことから、天体を含む熱（エネルギー）を持った物体は、その温度に応じた波長の光を放出する、ということがわかるだろう。では、その光は、特定の限られた波長のみなのだろうか。じつは、さまざまな波長の光が混じり合っているのである。

太陽を例にとろう。太陽の色は、若干黄みがかった白色である。人間の目に見える可視光で輝いていることがわかるだろう。実際に、太陽が放出している光の中で、最大強度を持つのは波長500ナノメートルという可視光でも緑色のあたりの色である（図4-4）。それが白く見えるのは、赤色や青色の成分の光も混じっていて、それを人間の目は白色と認識するからだ。

可視光である赤色や青色以外にも、太陽の表面から出ている光は、電波から赤外線、可視光、さらには紫外線まで広い領域にわたっている。そのうち可視光が最も強度が強いのである。一方で、特に短いほうの波長、すなわち紫外線の領域では、波長が短くなるとともに急激にその強度が減少している。

このように温度に応じた波長で最も強度が強く、それより短い波長で急激に弱くなる放射のことを、「熱放射」と呼ぶ。たとえば炭を思い浮かべてほしい。常温、つまり絶対温度で300K程度であれば、人間の目には真っ黒く見える。これは、赤外線を主に出していて、波長の短い可

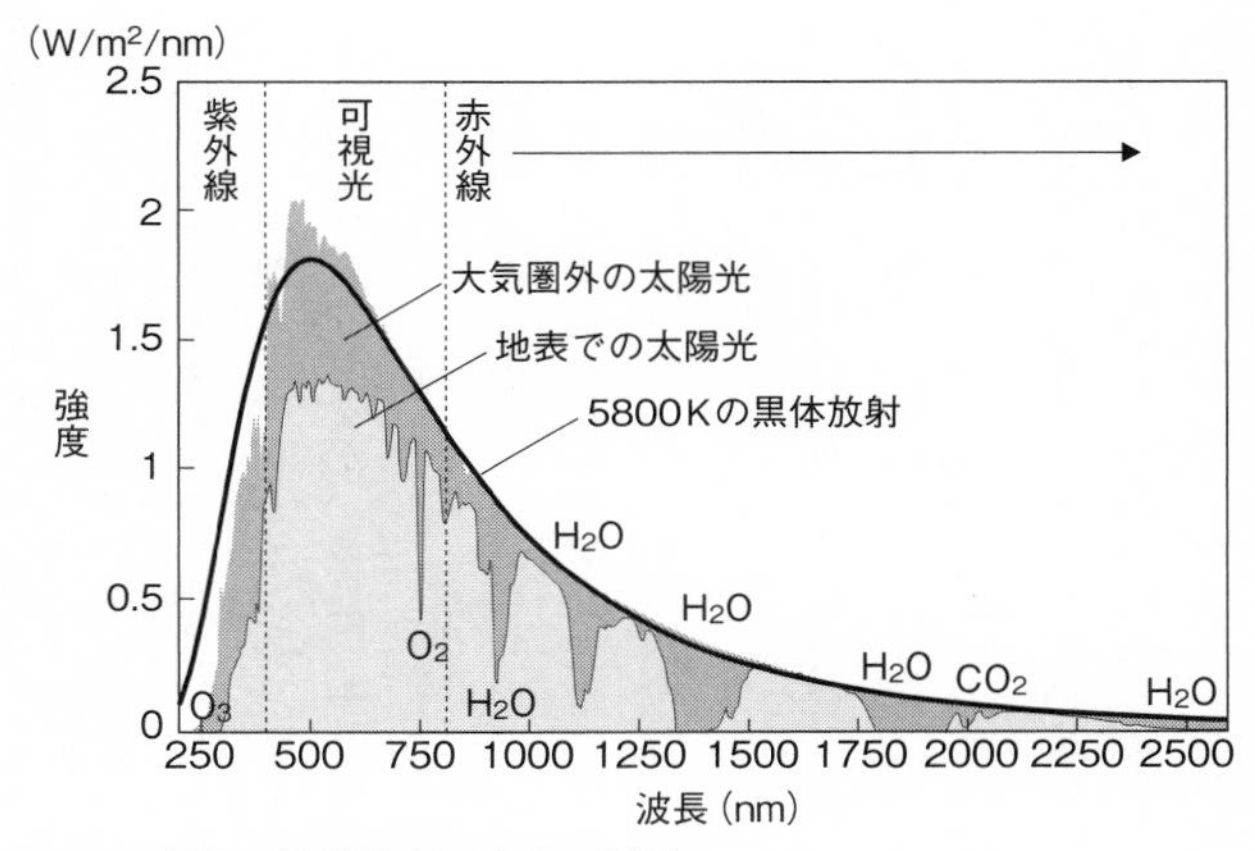

図4-4　太陽の放射強度と波長の関係
大気圏外ではほぼ黒体放射だが、地表ではオゾン（O_3）や酸素分子、水、二酸化炭素などによる吸収が起きている。

視光はほとんど放射していないためだ。炭を熱していくと、やがて赤くなってくる。温度が１０００Ｋほどになると、可視光の中でも波長の長い赤い光を強く出すのである。

太陽のようにすべての可視光を出すには、数千度もの温度が必要となる。実際に太陽の表面温度はおよそ５８００Ｋ、摂氏では５５００℃なのである。

熱放射の中でも、恒星や溶鉱炉の中のように、とてもよく混じり合った状態にあるときに出る放射が黒体放射だ。ある意味で、理想的な状態で放射される熱放射と考えてほしい。たとえば、物体の温度が場所ごとに少し異なっていれば、違った温度の光の重ね合わせになってしまう。物体が複数の元素で構成されていると、熱していったときに、おのおの元素で温まり方が異なる場合がある。この場合にも黒体放射にはならない。

これまで見てきた一般の熱放射の場合と同様に、黒体放射は、広い範囲の波長の光の集まりだが、最も強度が強い波長が（単一の）温度で決まり、それよりも波長の長い部分では比較的緩やかに強度が減少するが、波長の短い部分では、急激に減少するという性質がある。

図4-5に、黒体放射の波長と強度の関係を、いくつかの温度の場合について示した。確かにどの温度であっても、波長の短い部分で、強度が急激に減少しているのが見て取れるだろう。

また、1000K以上でないと、可視光がほとんど放射されないこともわかる。1000Kだと可視光でも波長の長い赤の領域でしか放射が存在しないので、先に述べたように炭を熱すると赤く見えるのだ。

一方で、太陽の温度付近（6000K）の場合には、先に述べたように500ナノメートルのあたりで最も強度が強い。波長が倍の1マイクロメートル（これは赤外線）では強度は40%程度になるが、波長が半分の250ナノメートル（紫外線）では、5%まで減少する。なお、地上で受け取る光は、大気中の酸素分子や窒素分子によって青い（波長の短い）光が選択的に散乱され届かなくなるため、紫外線の割合はさらに小さなものになる。ちなみに、この散乱によって、空が青くなり、青が抜けた太陽の光は黄みがかったものに見えるのである。

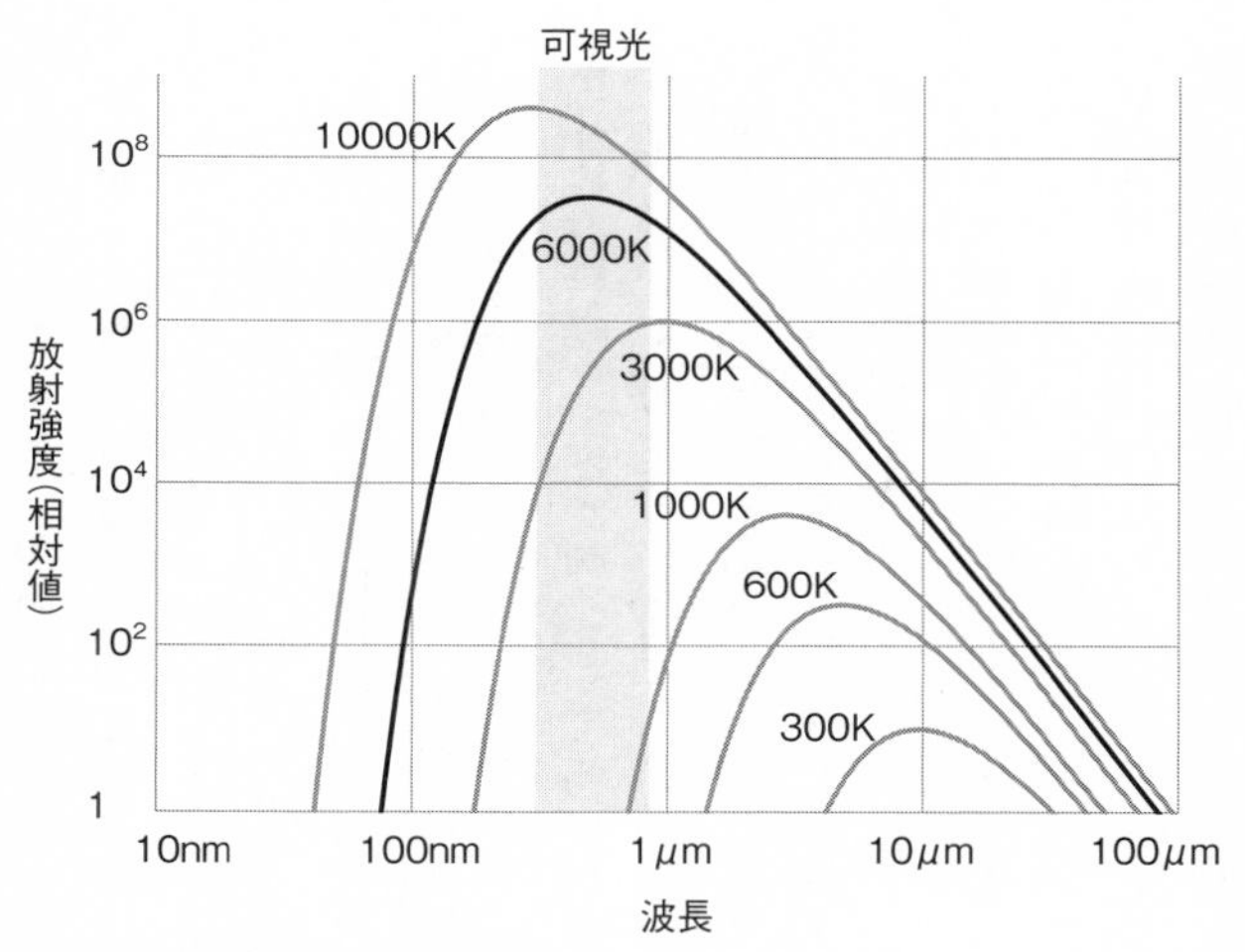

図4-5　黒体放射（プランク分布）
温度が上がるとともに、強度全体は大きくなり、短い波長側にずれていく。太陽の表面温度付近（6000K）では、可視光でもっとも放射強度が大きい。

　黒体放射や一般の熱放射が波長の短いところで急激にその強度を減少する理由は、光の粒子のエネルギーに関係がある。ここで、光を一個一個が波長に応じたエネルギーを持った粒子の集まりと考える。熱放射では、物体の表面を構成する原子・分子の乱雑な振動のエネルギーが光として放出される。このエネルギーは、物体の温度で決まる。出される光のほうは、波長の長い光も短い光も存在するが、短い光のほうがエネルギーが高い。もし、波長の短い光の粒子がたくさん存在すると、たくさんのエネルギーを持つことになる。光に与えられる全体のエネルギーが決まっている以上、短い波長の光の粒子がたくさん存在することはできないのである。その結果、短い波長に行けば、急激に光の粒子はその数を減らしていく。1個当たりのエネルギーが大きいので、数に制限がつけられるのである。光をエネルギーを持つ粒子の集まりと考えるのが、光量子仮説であり、この粒子のことを光子と呼ぶ。

天体の温度と波長の関係

黒体放射には、温度が高くなると、波長が短くなるという性質だけでなく、強度も強くなるという性質がある。図4-5に見られるとおりである。この強度は、光子の数に比例している。この関係からすぐにわかるのは、1つの波長で強度を測定すれば、温度が推定できるということだ。ペンジアスとウイルソンが行った波長7・35㎝での観測によって、絶対温度3・5Kという値をはじきだすことができたのは、このためである。

次に、光の波長と温度の関係を少し詳しく見ていこう。ここでは、最大強度の波長と温度の関係を示す。まず、波長400ナノメートルから800ナノメートルの可視光は、4000Kから7000Kほどに対応する。ただし、4000Kより温度が低くても、1000K程度までは赤く見えるのは先に述べたとおりである。最大強度の波長は、赤外線に移っているのだが、それより短い波長の波も（急激に減少するとはいえ）存在しているからである。また、７０００Ｋを超えると、紫外線に最大強度は移っていくが、人間の目には青く見え続ける。やはり、最大強度の波長よりも長い波長の光も放出しているからである。

たとえば、冬の夜空に青白く輝くおおいぬ座のシリウスの温度は太陽よりも高温で９９００Ｋの表面温度を持っている。また赤い恒星の代表格であるさそり座のアンタレスの表面温度は３５００Ｋだ。

赤外線は４０００Ｋから10Ｋほどに対応し、電波はそれ以下の温度である。銀河系の中には、分子雲と呼ばれる水素ガスの塊が存在していて、そこでは、水素分子や炭素、酸素、窒素といった元素が作る分子が固有の光を放射する。

この分子による光の放射が引き起こす冷却、すなわち放射冷却という仕組みによって、ガスの温度は非常に低いものとなる。放射冷却は、冬のよく晴れた夜明けに、赤外線が地表から放出されることで気温が低下する現象としておなじみであろう。分子雲は、自身のガスからどんどん赤外線や電波が放出され、温度が極端に下がっていくのである。数十Ｋまで冷えたガスは、圧力も非常に弱くなる。すると、自分自身の重力を支えることができなくなり、つぶれていく。やがて、中心部では密度が十分高くなり、温度も上昇して、核融合反応が始まる。星の誕生である。誕生直前の星は、まだ温度が低いために、赤外線で輝いている。それ以前の段階である冷えた分子雲は、電波で観測される。分子雲こそ、星の卵なのだ。

次に、高温の側に目を移そう。可視光よりも波長の短い紫外線は７０００Ｋから数十万Ｋ程度に対応している。青い恒星、たとえば先のシリウスは、太陽よりもずっと多く紫外線を放射しているのである。紫外線よりもさらに波長の短いＸ線は、数百万Ｋから数億Ｋ程度に対応している。じつは太陽もＸ線を放射している。それは、太陽表面から上空２０００㎞以上のところにコロナと呼ばれる１００万Ｋを超えるような、きわめて高温のプラズマが存在しているからである。コロナが太陽表面に比べて非常に高温である理由はコロナ加熱問題と呼ばれ、いまだ謎とされている。現時点では、太陽表面に現れる磁場に伝わる波としてエネルギーが上空まで運ばれるという説が有力となっている。

太陽のような恒星の出すＸ線以外にも、宇宙では銀河の集団である銀河団や、ブラックホールの周辺にできるガスの円盤（降着円盤と呼ばれる）に、数千万度という高温のガスが存在していて、強力なＸ線を出していることが知られている。これらのガスがこれほどまでに高温な理由は、そこに存在している莫大な重力にある。たとえば、銀河団は大きいものでは銀河が１０００個を超えて集まっている天体である。さらに、その銀河集団を重力的に支えるために、ダークマター（暗黒物質）が質量にして銀河の総計の１００倍ほどあることもわかっている。ダークマターが作る重力の井戸にガスが落ち込むと、重力のエネルギーを熱に変え高温になる、という仕組みだ。

ちょうど水力発電で、ダムを利用し水を高いところから落として、電気エネルギーを得るように、ガスが銀河団に落ちるとエネルギーを得て、熱くなるのである。ブラックホールも同様だ。ブラックホールが通常の恒星と連星をなしていれば、恒星からガスが落ち込み、重力エネルギーを熱エネルギーに変えることで高温となりＸ線を放射する。このようにしてブラックホールの周囲にできる高温なガス円盤が降着円盤である。

ちょっと寄り道：ダークマター

ここで、今後本書の中にたびたび登場してくるダークマターについて、簡単に解説しておこう。そもそもダークマターは、１９３０年代、スイス出身の天文学者、フリッツ・ツヴィッキーによって最初に見つけられた。彼は、かみのけ座銀河団を構成する銀河の光のドップラー効果を測定したのである。かみのけ座銀河団自身は、およそ3億光年彼方にあり、宇宙の膨張によって秒速６９００㎞で我々から遠ざかっている。一方で、銀河団を構成するメンバーの銀河たちは、銀河団の中を飛び回っているために、膨張による速度以外の速度、すなわち固有速度を持っているのである。ツヴィッキーが得たのは、平均すると秒速１０００㎞にもなる大きな固有速度であった。この固有速度の大きさが問題となった。銀河団にある銀河すべての生み出す重力で、おの

おのの銀河を留めているはずなのに、固有速度が大きすぎて銀河団がバラバラになってしまう、というのである。固有速度が、銀河団の重力が作る「脱出速度」を超えていたのだ。脱出速度とは、重力を振り切って遠方まで行くのに必要な最低限の速度を表す。たとえば地球であれば、秒速11㎞である。地球を飛び出すためには、ロケットはこの速度以上を必要とする。

ツヴィッキーが得た、銀河団は銀河たちの作る重力ではバラバラになるという結果は、銀河団が存在し続けている、という確かな事実と矛盾する。この矛盾を解くためには、目に見えない物質が重力源として大量に存在し、脱出速度を大きくして銀河団を支えている、と考えるしかない。ツヴィッキーはその物質にダークマターと名付けた。ダークマターの名付け親である。もっとも、彼の原著論文は、ドイツ語で書かれており、ダークマターはその英語訳であるが。

ちなみに、ツヴィッキーはきわめて辛辣な人であったことで知られている。いちばんお気に入りの言葉が、「球形のろくでなし」だ。どこをとっても、もれなくろくでなし、という意味だそうである。同僚や先輩（自身をカリフォルニア工科大学に招いたノーベル賞受賞者のロバート・ミリカンも含め）を罵倒するのが常であったという。一方で、きわめてオリジナルなアイデアに満ち溢れた人でもあった。ダークマター以外にも、中性子星の存在や重力レンズ効果の質量測定への利用、といった現代天文学の常識となっているものを最初に提唱したことでも知られる。しかし、あまりに先駆的すぎ、当時は誰も耳を貸さなかったのは彼の不幸であろう。たとえば重力レンズ効果が質量の測定に使われるようになったのは、彼が１９３０年代に提唱してから70年近くが経ってからである。変わり者で偏屈で知られたツヴィッキーであるが、若い人に対しては寛大であったと伝えられる。

ツヴィッキーに続いて、ホレス・バブコックが、アンドロメダ銀河の円盤部の回転速度を計測し、奇妙なことに気づいた。見えている銀河の構造からは、質量が中心に集中している。ちょうど太陽系のように、真ん中に大きな質量があって、ほかはその周りを回っている、と考えられるのである。この場合には、ケプラーの法則、という物理法則が適用される。中心から離れれば離れるほど、回転の速度が遅くなるのである（図4-6）。

フリッツ・ツヴィッキー

実際に、太陽系では、地球に比べ金星は速く、火星は遅く公転している。アンドロメダ銀河でも、円盤部の速度は外側が内側に比べて遅いはずなのである（図4-7）。しかし、バブコックの測定結果は、予想に反し、外側の速度が減少していかなかったのだ（近年の他銀河の観測例が図4-8）。このことは、回転が、中心部の質量集中だけでなく、円盤以外に広がっている見えない質

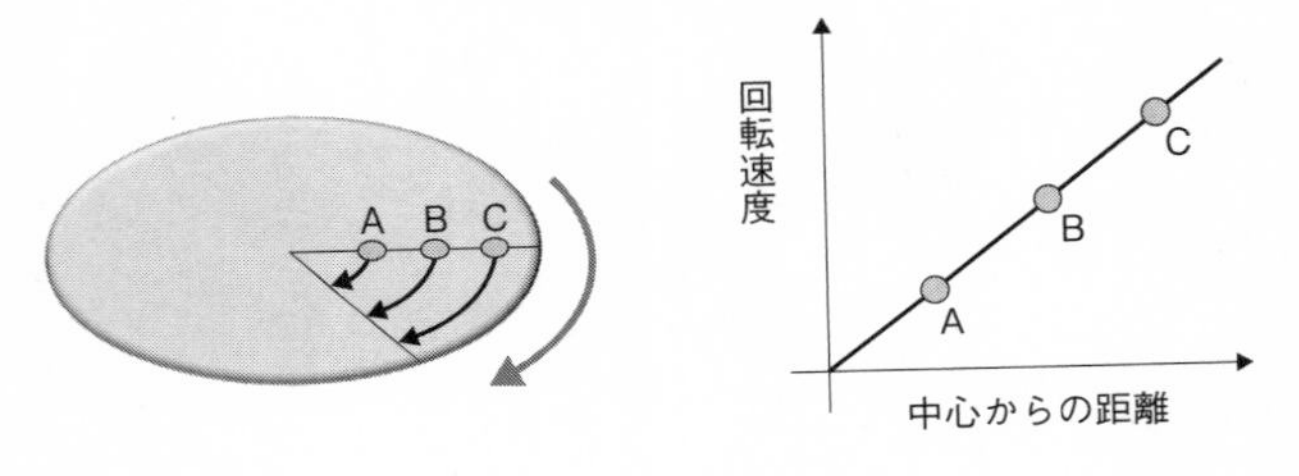

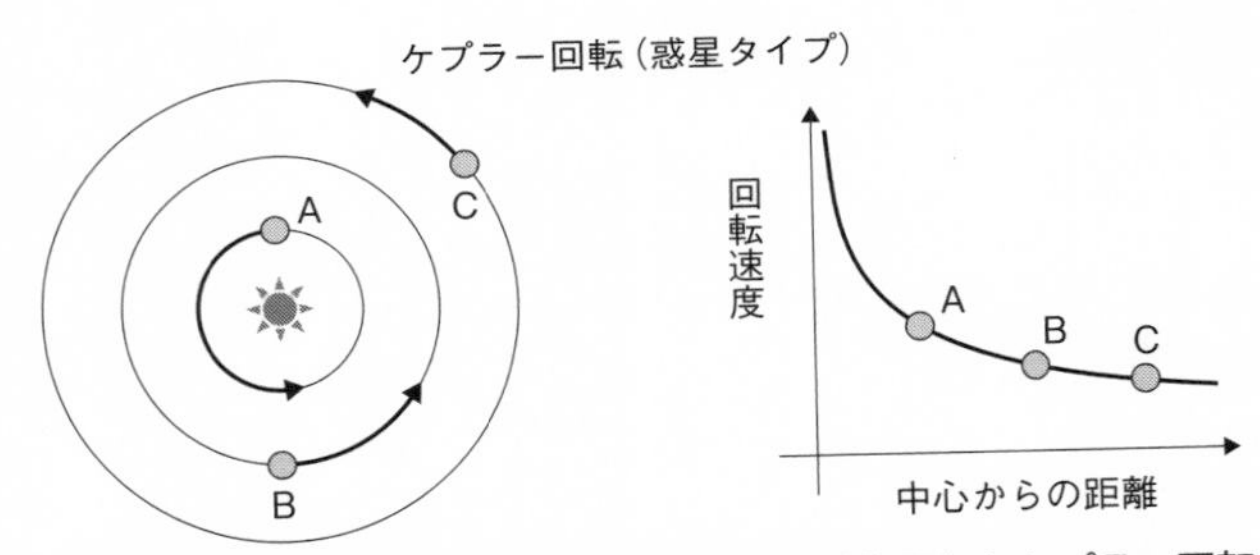

図4-6　回転速度と中心からの距離の関係：剛体回転とケプラー回転
質量が中心に集中していると下図のケプラー回転のように、外側の方が回転速度は小さくなる。質量が外まで広がって分布していると上図の剛体回転のように、外側の方が回転速度が大きくなる。

量、すなわちダークマターによって支えられていると考えると、説明がつく。その後、ベラ・ルービンがいくつもの銀河の回転を詳細に測定し、やはり見えない質量が大量に存在していることを見いだした。銀河にもダークマターは存在しているのである。

見えている物質よりもはるかに多く存在しているダークマター、発見からすでに80年以上が経過してもなお、その正体はいまだ不明である。これまでに見つか

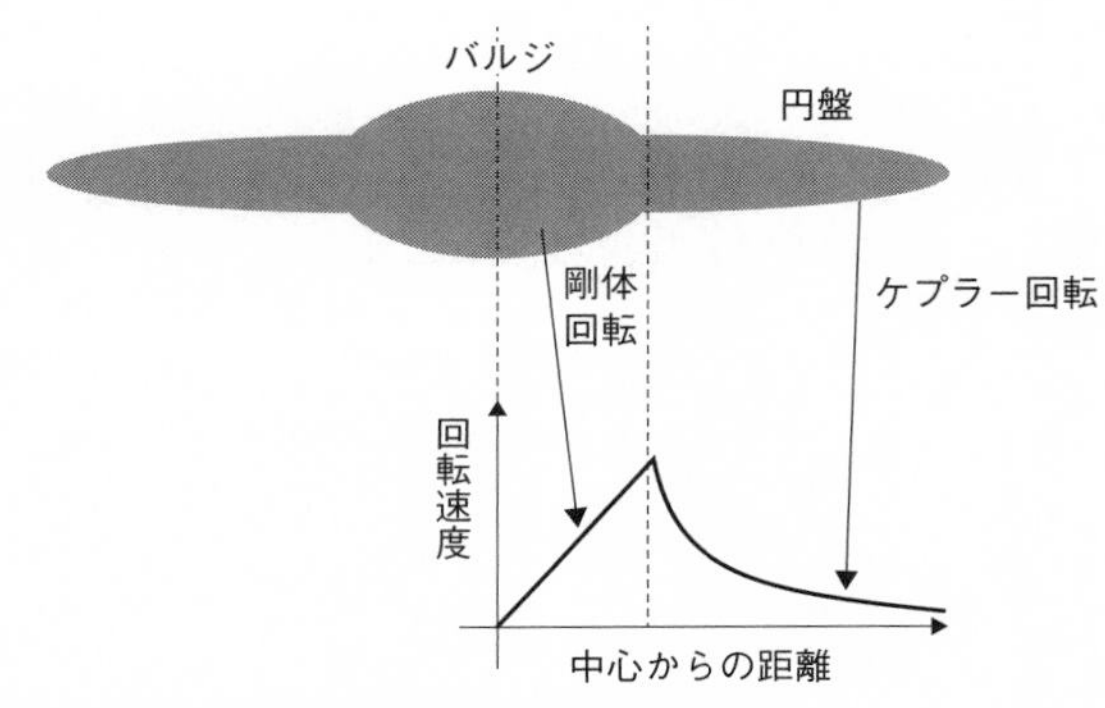

図4-7　期待される銀河の回転曲線
銀河は中心に質量集中（バルジ）があるので、バルジの部分では剛体回転を、バルジの外側ではケプラー回転をすることが予想される。

っていない素粒子、宇宙初期にできた原初ブラックホールなどいくつかの候補は提案されているものの、「ダークマターの正体の解明」は、宇宙論に残された大きな未解決問題なのである。

宇宙全体の温度

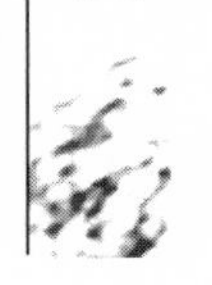

寄り道はここまでとして、天体の温度の話に戻ろう。ここまで、恒星や分子雲、銀河団などの温度について見てきたが、それでは宇宙全体の温度はどれだけなのだろうか。ビッグバンの始まりは、宇宙全体がとてつもない高温であったとガモフらは考えた。しかし、宇宙の空間は時々刻々と膨張している。外部から熱の出入りがない状態で膨張すると、物質の密度が薄まっ

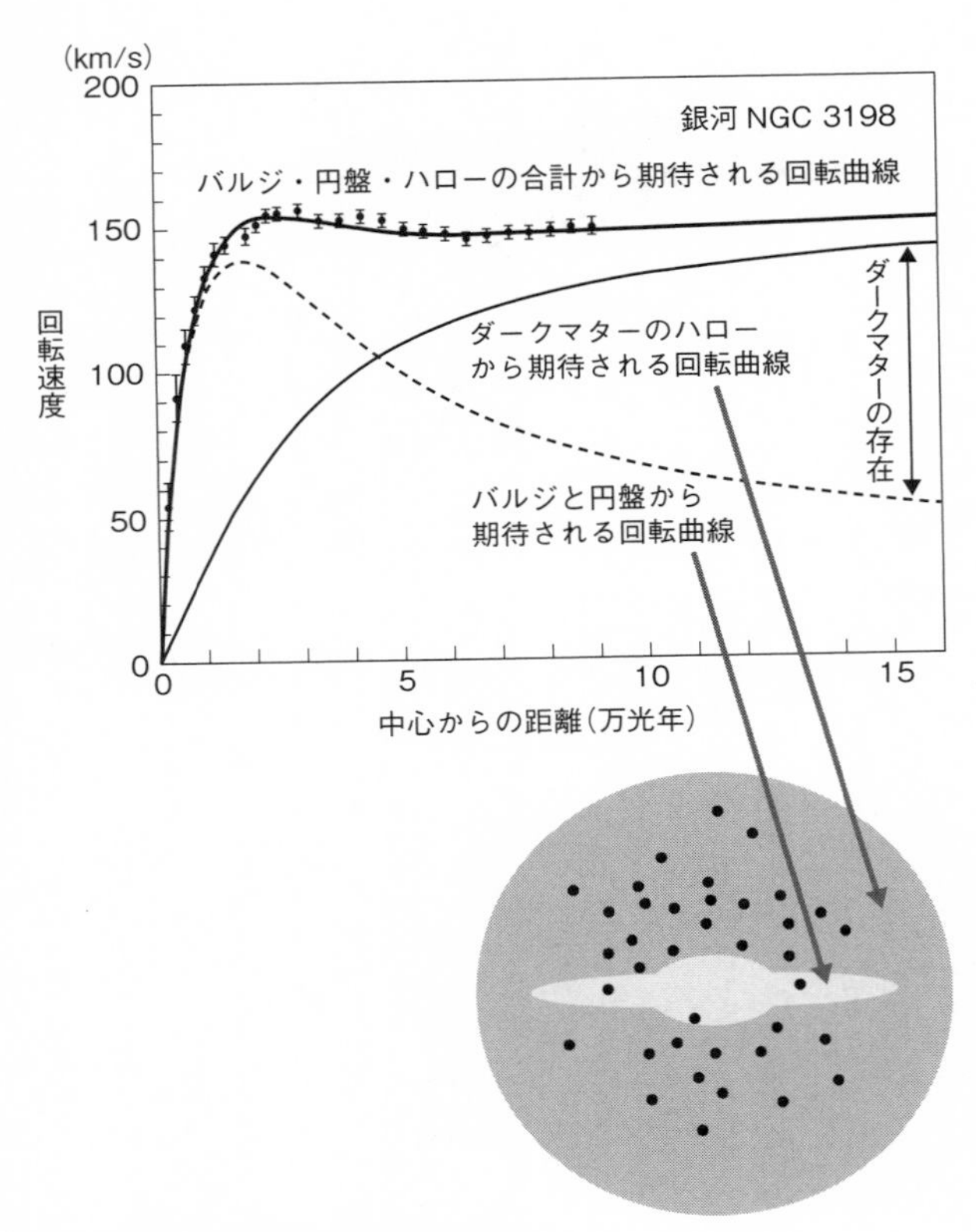

図4-8　銀河の回転曲線の観測結果

ていくとともに、温度も下がっていく。このことは自動車のエンジンなどの内燃機関においてよく知られている事実だ。断熱膨張と呼ばれる。宇宙でも同じことが起こる。当初高温・高密度であった宇宙は、膨張に伴って、温度と密度を下げていくのだ。温度が下がるので、そこにある光の波長も長くなっていく。別の見方をすれば、空間が広がっていくのに比例して、波の波長も引き伸ばされる、と考えてもよい。波長が長くなることは、温度が低下することに対応する。空間の膨張が、宇宙の温度を下げるのである。ビッグバンの歴史とは、膨張によって宇宙の温度が低下し、光の波長も長くなっていくことにほかならない。

かつて非常に高温なビッグバンという状態で始まった宇宙は、１３８億年という時を経て、そこに満ちている光の波長が数㎜程度、すなわちマイクロ波となり、現在に至ったのである。この電波こそペンジアスとウイルソンが発見した宇宙マイクロ波背景放射であり、その温度は約３Ｋであった。この３Ｋに特別な意味はない。たまたま現在が３Ｋであったということにすぎない。膨張が続く限り、未来にはさらに低温になっていくことだろう。

第5章

ビッグバンと元素合成、宇宙の晴れ上がり

元素の起源を説明するために考案されたビッグバンは、宇宙マイクロ波背景放射の発見によって、その存在が確実なものとなった。高温・高密度で始まった宇宙は、膨張とともに、温度と密

度のどちらも減じながら１３８億年かけて現在の宇宙へと至ったのである。本章では、改めて第２章で解説した元素合成を含む、ビッグバン宇宙で起きた出来事をまとめてみよう。

ビッグバン初期に存在した素粒子

ビッグバンの初期は、宇宙全体の火の玉の温度がきわめて高い状態だった。そこに存在する光は波長が短くてエネルギーの高い粒子である。光のエネルギーによって、寿命が短くて通常であれば存在しないような粒子もたえず生まれては消え、消えては生まれる。アインシュタインの式$E=mc^2$に従うからである。光が十分なエネルギーを持っていれば、そのエネルギーEに応じた質量mの粒子を作り出せるのだ。ビッグバンの初期、そこは、物質を構成する基本要素である素粒子と呼ばれる粒子と、光が混じり合ったスープ状態であった。

では、ビッグバンのスープの中にいる素粒子にはどのようなものがあったのだろうか。今までに実験的に見つかっている素粒子は、17種類である。これは、標準理論（標準模型）と呼ばれる理論に現れる素粒子たちだ。

標準理論は、１９６０年代から70年代にかけて発展した素粒子の理論モデルである。それ以降の素粒子物理学の中心的な課題の一つが、標準理論の検証であった。２０１２年、ヒッグス粒子の発見をもって、その検証は終わりを告げたと言ってよいだろう。標準理論は完全に確立されたのである。素粒子研究者の多くは、標準理論が取り扱うエネルギーの先に、標準理論を超えた新たな理論が存在していると考えている。そこで、これまでに標準理論を超えた理論モデルが数多く提唱されてきたが、実験ではその兆候はいまだ見えてきていない。

本書の本筋からは外れるが、以下で簡単に素粒子の標準理論について解説をしていこう。

そもそも標準理論は、自然界に存在する力を理解し、その統一を目指す過程で作られていった理論である。自然界には、少なくとも4つの基本的な力があることが知られている。電磁気力、強い力（強い相互作用、核力）、弱い力（弱い相互作用）、そして重力である。

電磁気力と重力はおなじみであろう。電磁気力では、プラスとマイナスの電荷が存在し、符号が同じどうしでは反発する力、異なると引き合う力が働く。重力はそれに対して、質量のあるものどうしに働く力で、必ず引き合う方向に働く。

強い力は原子核の中で働く力だ。原子核は正の電荷を持った陽子と中性の中性子で作られている。電磁気力だけを考えると、陽子どうしは反発するはずだし、中性子を結びつけておくこともできない。原子核の中、というきわめて短い距離では電磁気力よりもはるかに強い力が存在しているはずなのである。これこそが強い力である。

弱い力は、例えばニュートリノに働く力である。ニュートリノがお化けの粒子ともいわれているのは、この力がきわめて弱いからだ。ニュートリノは電荷を持っていないので、電磁気力は働かない。原子核の中に閉じ込められているわけでもないので、強い力も無関係である。第1章に出てきたベータ崩壊は、中性子がニュートリノ（正確には反ニュートリノ）と電子、陽子に壊れる反応だ。ニュートリノは少なくとも、電子などとは反応、つまり力を伝え合うことができるのである。これは日本のお家芸ともいえるニュートリノ観測とも関係している。ニュートリノを、神岡鉱山に設置された巨大水タンク、スーパーカミオカンデで捕まえることができるのは、きわめてまれに、水の中の電子などと衝突をするからだ。力が弱い、ということは、まれにしか反応しないということを意味する。莫大な量の水というターゲットを用意して初めて、ニュートリノを捉えることが可能となるのである。

４つの力は、力を媒介する粒子が伝える、と理解できる。これら４つの力は、それぞれ媒介する別々な素粒子を通じて働いているというわけだ。たとえば、電磁気力を媒介しているのは光子、すなわち光である。負電荷を持つ２つの電子どうしの間に働く反発力は、電子と電子が光子をキャッチボールすることで伝えられる（図5-1）、と考えられるのだ。

では、弱い力を媒介しているのはどういう素粒子なのだろうか。その素粒子を予想し、電磁気力と弱い力の統一に成功した理論が、電弱統一理論だ。その理論によると、現在は別々な力である両者は、ビッグバンの初期、温度が高い時代では、１つの枠組みとして統一的に表すことがで

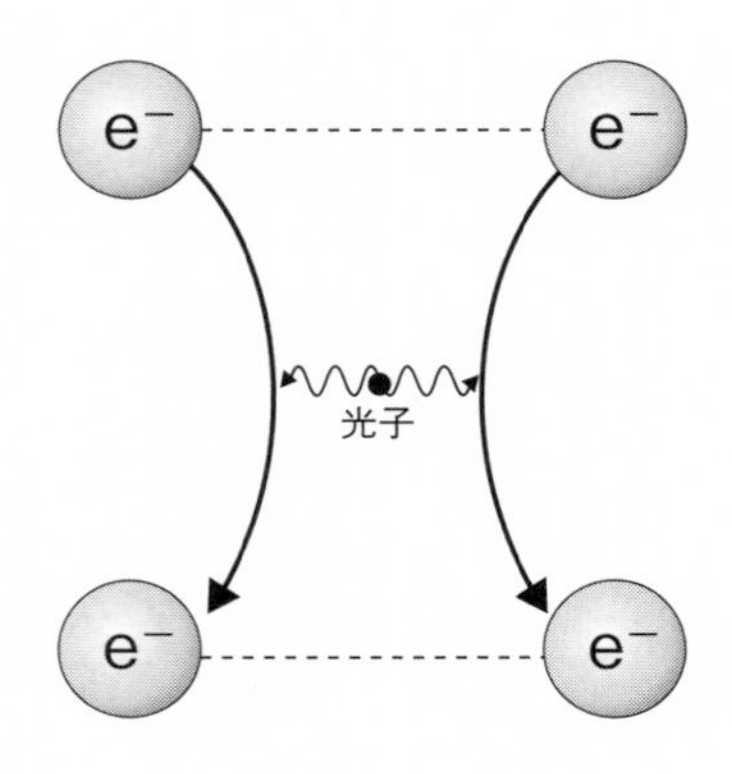

図5-1　負電荷を持つ2つの電子どうしの間に働く反発力は、電子と電子が光子をキャッチボールすることで伝えられる

きる、というのである。1960年代にこの理論を提唱したのがシェルドン・グラショー、アブダス・サラム、スティーヴン・ワインバーグであり、3人は後にノーベル物理学賞を受賞している。この理論では、そのときにまだ見つかっていなかった2種類の特別な素粒子が必要となる。この素粒子、正または負の電荷を持ったWボソンと中性のZボソンこそ、弱い力を媒介するものであった。陽子とその反粒子である反陽子を高いエネルギーで衝突させ、この2種類の素粒子を発生させて発見したのが、欧州合同原子核研究機関（CERN）のUA1とUA2と呼ばれる実験である。1983年のことであり、実験を率いたカルロ・ルビアはノーベル物理学賞を受賞している。

強い力を媒介しているのは、当初、日本人初のノーベル賞受賞者、湯川秀樹が提唱したパイ中間子という素粒子であると考えられた。パイ中間子が媒介して力が働くような反応を、現在でも湯川相互作用と呼んでいる。その後、パイ中間子自身は素粒子ではなく、素粒子の合成物であることが明らかになった。今では、強い力はグルーオンと呼ばれる素粒子によって媒介されることがわかっている。

重力を媒介すると考えられるのが、重力子である。しかし、小さな質量しか持っていない素粒子レベルでは、重力はたいへん弱い力なので、その力を媒介する粒子の持つエネルギーも非常に小さくなる。そのため、粒子として検出するのは、きわめて困難であると考えられている。

一見異なった４つの力、これらを統一的に理解することこそが、素粒子物理学者の夢である。そこにある信念は、４つの力は宇宙誕生直後では１つに統一されていた、という考えである。その後、宇宙が膨張とともに温度を下げていくに従って、まず重力、次に強い力、最後に弱い力と電磁気力が分かれていったというのである（図5-2）。電弱統一理論は、その最後の分離を記述するもの、というわけだ。

電弱統一理論の成功に味をしめた素粒子物理学者は、強い力も同様に統一できないものかと考えた。そこで提唱されたのが、大統一理論である。宇宙のごく初期、電磁気力、弱い力、そして強い力が１つであった時期があったというのである。残念ながら、この理論はまだ完成していない。いちばんもっともらしいシンプルなモデルは、実験によって否定されているからである。

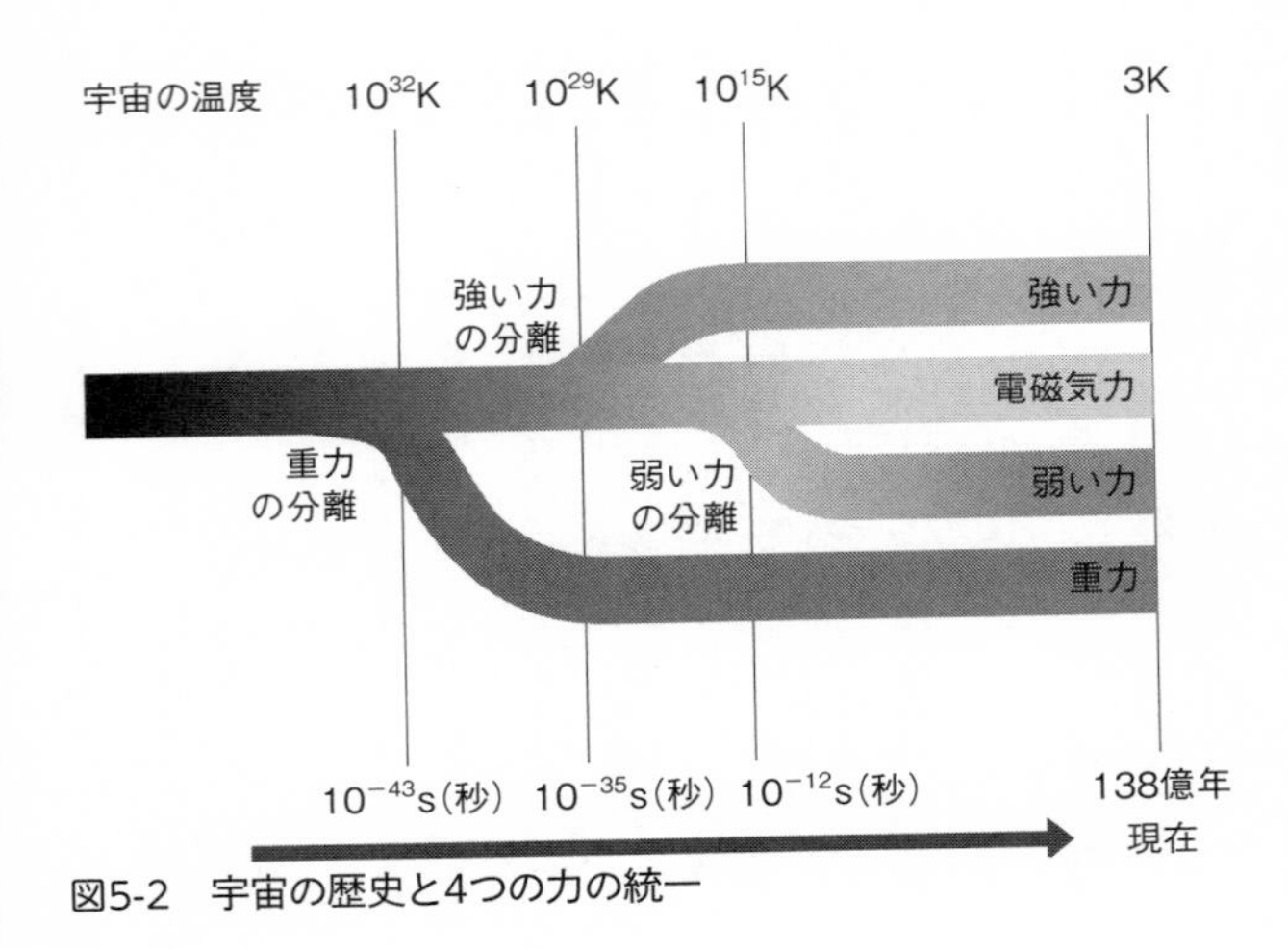

図5-2　宇宙の歴史と4つの力の統一

大統一理論の検証に重要な役割を果たしてきたのが、日本の2つのニュートリノ実験、カミオカンデとその後継のスーパーカミオカンデである。大統一理論が正しければ、強い力が支配する陽子が、弱い力や電磁気力の影響で、ごくまれに、パイ中間子や陽電子に壊れてしまう。これを陽子崩壊と呼ぶ。はたして陽子が壊れるのか否か、そのことを検証するのを第一目標に建設されたのが、カミオカンデである。

陽子が壊れたときに出るパイ中間子、それがさらに壊れて生み出す光子、これがカミオカンデの狙うターゲットだった。陽子源としての大量の水をタンクに蓄え、その周囲に、かすかな光を捕まえるための光電子増倍管を配置したのである。陽子が万に一つでも壊れれば、パイ中間子を経由して光が出るので、それを捕まえる、というわけである。

残念ながら、カミオカンデでも、スーパーカミオカンデでも、いまだに陽子崩壊の兆候を捉えることに成功していない。どうにも陽子は壊れないようなのである。先ほどの「万に一つ」というのは比喩的表現であり、実際はもっとてつもなく低い確率でも起きていない。陽子１個は、１兆×１兆×１００億年（10^{34}年）待っても壊れない、というのである。これは逆にいえば、１兆×１兆×１００億個の陽子を用意しても、１年に１個も壊れない、ということと同じ意味である。とにかく陽子は壊れないのだ！　もっとも陽子が簡単に壊れてしまっては、宇宙の元素は存在できないことになる。陽子が安定なのは私たちにとってはたいへん幸せなことなのだ。

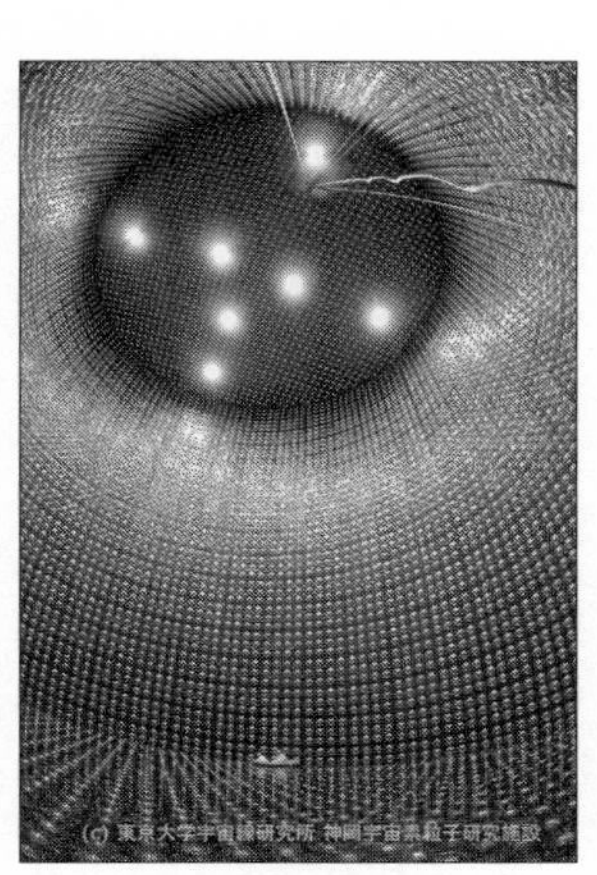

スーパーカミオカンデ

陽子崩壊の実験としては、当初期待していた成果を得ることのできなかった（とはいっても、これまでにない厳しい制限はつけることに成功した）カミオカンデ、そしてスーパーカミオカンデであるが、ご存じのとおり、ニュートリノ検出装置として両者は大成功した。超新星爆発からのニュートリノを捕まえたことで小柴昌俊が、大気で生まれているニュートリノを捉えてニュー

光電子増倍管を前に笑顔を見せる小柴昌俊

トリノ振動を発見したことで梶田隆章が、ノーベル物理学賞を受賞したことは、日本の素粒子実験にとって最大の栄誉である。

カミオカンデ実験が、当初考えられた陽子崩壊とは異なった、ニュートリノについて大きな成果をあげたことはたいへん興味深い。実験のために、ほかの誰にも追随できない光の検出感度を達成したからこそ、本来とは違った内容であっても大きな業績をあげることができたのである。最先端の研究は最先端の技術が支える、ということの良い実例となっている。

小柴は、先行する実験が5インチ径の光電子増倍管を使っているところを、浜松ホトニクスに無理を言って、それまで誰も作ったことのない巨大な20インチ径（小柴の当初の注文は25インチ径）光電子増倍管を作成させて実験に用いたのだ。径が大きければそれだけ多くの光を受けることができる。よりかすかな光への感度が高まるのである。小柴が注文をした当時浜松ホトニクスでは、ようやく8インチの試作が始まったところ、というのだから開発の大変さがしのばれる。小柴のノーベル賞授賞式に、浜松ホトニクスの晝馬（ひるま）輝夫社長（当時）が出席したのも当然であろう。

図5-3　標準理論に現れる17種類の素粒子

4つの力の最後の1つ、重力がほかの力と統一されていたのは、おそらく宇宙の本当に始まった直後であったと考えられている。きわめて温度（エネルギー）が高いために、実験によってその状態を疑似的に作り出して検証することは困難である。そのカギを与えてくれると期待されているのが超紐理論で、活発に研究が進められているが、いまだ完成までは道半ば、といったところだろうか。

さて、実験的に検証されている標準理論、そこに現れる17種類の素粒子（図5-3）について見ていくこととしよう。少なくともこれらは、ビッグバン宇宙の初期に存在していた粒子、ということになる。

17種類の素粒子は、4つの力を媒介するゲージ粒子と呼ばれる種族、電弱相互作用と関係したレプトンと呼ばれる種族、そして強い力と関係するクォークと呼ばれる種族に分けられる。さらにレプトンとクォークは、おのおの3つの世代を持つことが知られている。基本的には質量の軽いものから順に第1世代、第2世代、そして第3世代と呼ばれる。

まずレプトンの仲間であるが、これは電荷を持つものと持たないものに分けられる。荷電レプトンと呼ばれる電荷を持つものの代表が電子である。荷電レプトンでいちばん軽いのが電子であり、第1世代となる。第2世代、そして第3世代の荷電レプトンがミュー粒子、タウ粒子だ。

電荷を持たない中性のレプトンがニュートリノになる。こちらも3世代あり、電子ニュートリノ、ミューニュートリノ、タウニュートリノが存在する。荷電レプトン、中性レプトンを合わせて6種類あることになる。

次に、クォークの仲間であるが、uクォーク、dクォーク、cクォーク、sクォーク、tクォーク、bクォークがある。これらクォークは、uとd、cとs、tとbがおのおの組となり、やはり3つの世代を構成する。クォークが3つ組み合わさってできるのが、陽子や中性子の仲間のハドロン（強い相互作用を行う粒子の総称）だ。

中でも陽子と中性子は、最も軽い第1世代のuとdの組み合わせでできている。陽子は先に述べたように、カミオカンデおよびスーパーカミオカンデ実験からは、今のところ壊れる兆候は見えていない。一方、中性子は、単独で存在していれば、ベータ崩壊によって10分11秒ほどの半減期で陽子と電子、反ニュートリノへと崩壊する。第2世代、第3世代のクォークが混じるとラムダ粒子と呼ばれる寿命の短いハドロンとなる。

クォークの仲間が6種類あるので、ここまでで12種類の素粒子が出てきた。

次に、力を媒介するゲージ粒子を見ていこう。電磁気力を媒介するのは光子だった。弱い力はWボソンとZボソンだ。強い力を媒介するのはグルーオンであった。重力子は除くとして、４種類が見つかっている。ここまでで16種類だ。

最後に残された標準理論のピース、それが質量を生み出すヒッグス粒子である。このヒッグス粒子がなければ、ゲージ粒子は質量を持つことが理論的にできない。WボソンやZボソンが、光子と同じく質量0になってしまうのである。実際にWボソンやZボソンに質量があることは実験で確かめられている。質量を生み出すために必要なヒッグス粒子こそ、標準理論を確定させるための最後のカギであった。

ヒッグス粒子は、スイス・フランス国境に建設された欧州合同原子核研究機関の加速器ＬＨＣが２０１２年に作り出すことに成功した。ＬＨＣは、陽子どうしを莫大なエネルギーで衝突させる装置である。そのエネルギーで、ヒッグス粒子をごく短時間ではあるが、生み出すことに成功したのだ。この発見は、ヒッグス粒子により質量を獲得するメカニズムを最初に提唱したピーター・ヒッグスとフランソワ・アングレールの2人のノーベル物理学賞受賞へとつながった。

ヒッグス粒子を加えて、素粒子の数は17個になった。確認しよう。クォーク・レプトンが12種類、ゲージ粒子が4種類、ヒッグス粒子を入れて、標準理論に現れる素粒子は全部で17種類というわけである。役者は出揃った。これらすべてを実験的に発見することに成功したのだ。

なお、おのおのの素粒子に対して、対となる反粒子が存在する。これまでも出てきた陽電子や、反ニュートリノなどがその例である。反粒子とは、粒子と同じ質量を持ち、電荷は逆、またスピンと呼ばれる内部的な回転の向きが同じ性質を持つ。

電荷の異なる粒子と反粒子が出会うと激しく反応して、消滅する。たとえば、電子と陽電子は衝突すると2つの光子に変換されてしまう。なお、電荷を持たない光子などは、自分自身が反粒子と考えることができる。ただし、ニュートリノについては、自分自身の反粒子になっているかどうかは、まだ決着がついていない。素粒子物理学に残された大きな課題の一つとなっている。

このように、17種類とその反粒子が、これまで知られている素粒子のすべてだが、それに加えて、ダークマターの正体が、これまでに見つかっていない新しい素粒子ではないかとも考えられている。もしこのことが正しければ、標準理論の範疇に入らない新しい粒子の可能性があるため、ダークマター粒子の発見・正体解明が素粒子物理学の新たな地平を開く可能性がある。

ビッグバンで生まれ消えていく素粒子

ここでビッグバンに話を戻そう。ビッグバンの初期では、きわめて温度と密度の高い状態が実現していた。そのスープともいえる状態の宇宙には、原子、さらに原子核などの複合的な粒子は存在できず、それらを構成する基本要素でもある、標準理論で期待される17種類の素粒子すべてとその反粒子が存在し、高速で動き回り、たえず衝突を繰り返し、生まれては消え、消えては生まれを繰り返していた。

しかし、この高温・高密度の状態がいつまでも続くわけではない。宇宙は膨張に伴って次第にその温度、そして密度を下げていく。温度が下がる、ということは、素粒子の持っている運動エネルギーが低下する、ということである。そうなると、もはや寿命の短い素粒子を衝突によって作ることができなくなる。短寿命の素粒子は急速にその姿を消していくのである。たとえばWボソンやZボソン、ｔクォークなどは宇宙誕生後１００億分の１秒（10^{-10}秒）後には姿を消したと考えられる。やがて、宇宙には、電子、光、原子核の材料となるｕクォークとｄクォーク、クォークどうしを結びつけるグルーオン、そしてニュートリノしか存在しなくなる。ダークマターが素粒子であれば、これも存在していただろう。

ビッグバンでの元素の合成

宇宙誕生後1万分の1秒（10^{-4}秒）経ち、温度が1兆Kまで下がると、クォークが3個結びつくことで、陽子と中性子が等量、誕生する。この陽子と中性子を材料に元素が作られることになる。ちなみに、第2章で述べたように（48頁）、ガモフは元素合成を考える際、もともと宇宙にある物質は、すべて中性子であると仮定していた。じつは、この仮定は不正確であった。ビッグバン初期では、陽子と中性子が等量誕生するのである。このことを最初に指摘したのは、林忠四郎である。

さて、重い元素を作るには、まずは陽子と中性子が結びついて重水素を作る必要がある。この重水素は壊れやすく、周りに高いエネルギーを持った光がいると、光によって結合が解かれ、すぐに陽子と中性子に戻ってしまう。そこで、宇宙の温度が下がって、高いエネルギーの光がいなくなるまで、反応が進むことはない。

一方で、陽子に比べ、中性子はわずかに重い。そのため、中性子でいるよりも陽子でいるほうがエネルギー的に得、ということになる。宇宙の温度が十分に高ければ、この差は問題にならないが、膨張とともに温度が下がり、宇宙のエネルギーが低下すると、この差が重要になり、徐々

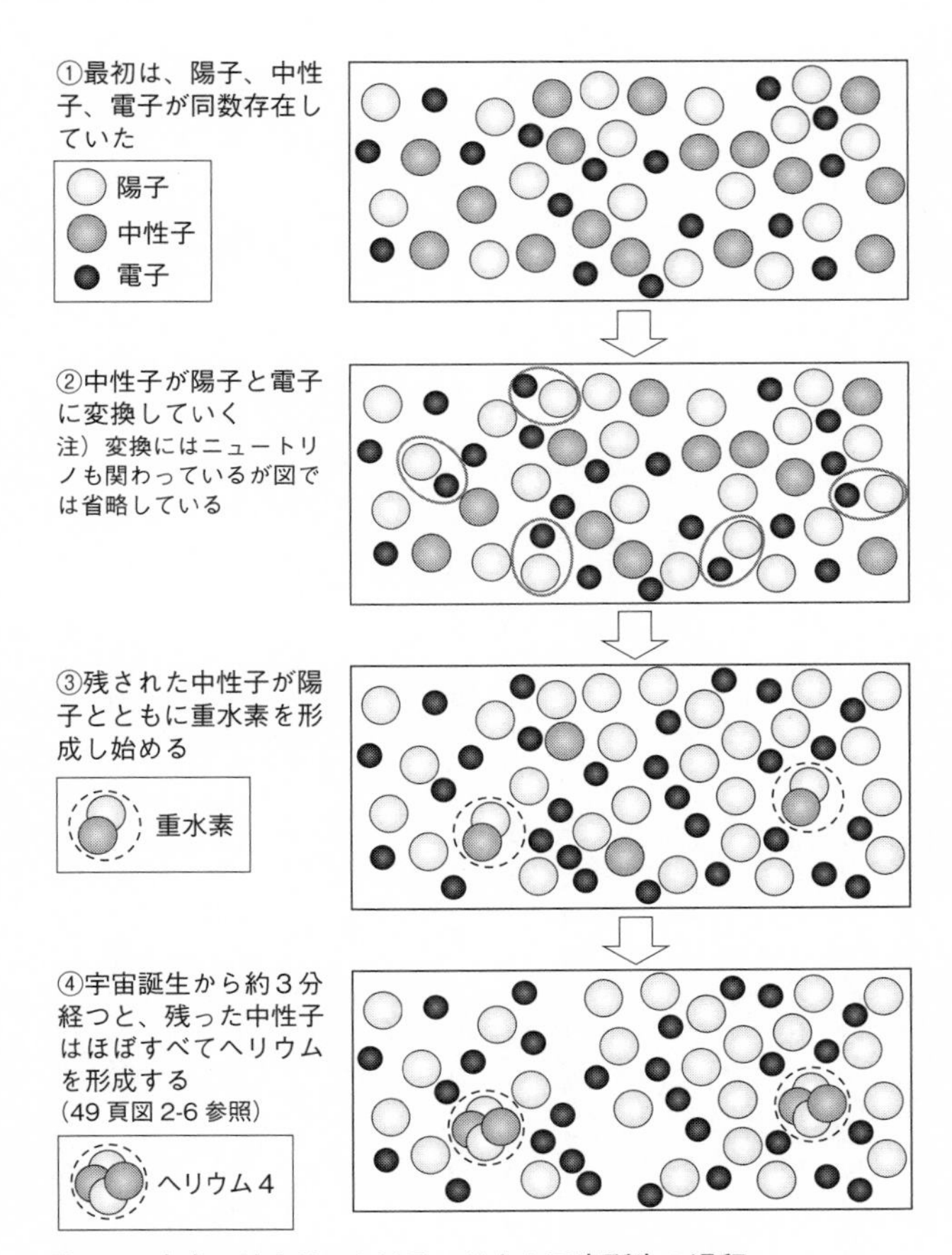

図5-4　宇宙の始まりにおけるヘリウム元素誕生の過程

に中性子から陽子に変わっていくこととなる（図5-4）。これは中性子の寿命が来て陽子に壊れるのとは異なることに注意されたい。宇宙誕生後1万分の1秒しか経っていないこの時期には、半減期が10分11秒の中性子はベータ崩壊をほぼまったく起こすことはない。

膨張によって、温度はさらに低下していく。宇宙誕生後3分ほど経って温度が10億Kになると、もはや宇宙に満ちている光のエネルギーが低くなりすぎて、重水素を壊すことができなくなる。重水素を結びつけるエネルギーに比べ、光の持っているエネルギーのほうが小さくなるからである。この時期に、陽子と中性子は、急激に重水素に変わっていくことになる。

いったん重水素ができてしまえば、第2章で見たように重水素どうしが合体して、ヘリウム3（陽子2個、中性子1個）と中性子、または三重水素と陽子ができる反応が一気に進む。このヘリウム3や三重水素と重水素がただちに反応することで、ヘリウム4（陽子2個、中性子2個）という安定な元素が生まれるのである（49頁図2-6）。

結局、この時期までに宇宙に残っていた中性子はすべてヘリウム4に取り込まれることとなる。ただし、すでに多くの中性子は陽子に変わっていたため（中性子は陽子の7分の1しか存在していない）、できたヘリウムの総質量は、陽子と中性子を合わせた全体の25％程度となる。残り75％は、陽子、すなわち水素として残るのである。この25％という値は、観測値と非常に良い一致を示している。宇宙に存在する水素とヘリウムという元素の起源を説明したことは、ビッグバン宇宙論の最大の成功の一つと考えられている。

なお、ヘリウムより重い元素は、ビッグバンではほとんど形成されない。質量数（陽子と中性子を合わせた数）５と８の安定な元素が存在しないために、ヘリウムどうしが結合するような反応が進まないからである。

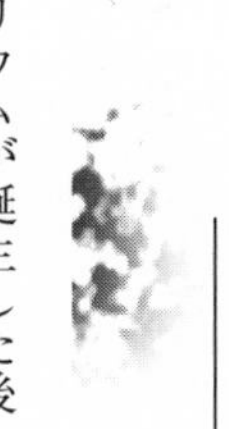

宇宙の晴れ上がり

ヘリウムが誕生した後も宇宙は膨張を続け、その温度を下げていく。しばらくの間は、それでも電子と光はたえず衝突を続けている。陽子やヘリウム原子核は、電子を身にまとった水素原子やヘリウム原子になることはできない。電子と結びついても、周囲にいる光によって、すぐに電子がたたき出されてしまうからである。この宇宙空間に漂っている電子と光子が衝突を繰り返すのである。なぜなら光には電子と衝突しやすいという性質があるからだ。そのため、自由に漂っている電子が大量に存在しているときは、光はたえず電子と衝突し、酔っぱらいのようにまっすぐ進むことができない。

ちょうど霧の中で、自動車のヘッドライトを照らしても先が見えないのと同じ状況だ。この場合には、光が空気中の水滴に散乱されてまっすぐ進めない。ビッグバンでは水滴の役割を電子が

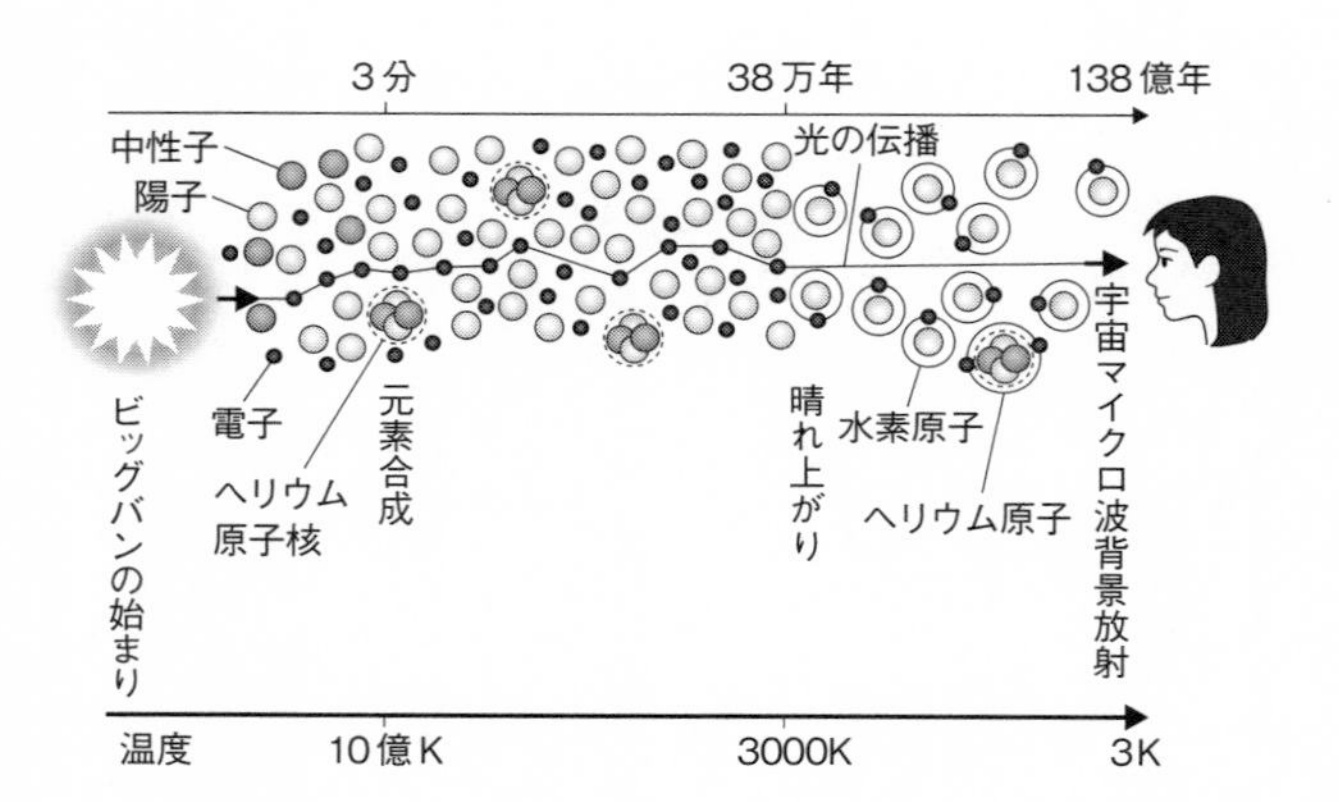

図5-5　ビッグバンが始まってから38万年後に起きた「宇宙の晴れ上がり」と宇宙マイクロ波背景放射

担う。

　やがて、宇宙全体の温度が３０００Ｋまで下がると、劇的なことが起こる。宇宙誕生後38万年のころだ。もはや光のエネルギーが低くなりすぎて、原子から電子をたたき出すことができなくなり、ほぼすべての電子が、陽子（水素の原子核）、およびヘリウム原子核に取り込まれるのだ。その結果、宇宙空間には、自由に漂っている電子がごくわずかしか存在しなくなる。もはや衝突する相手がいなくなった光は、直進できることになる。霧が晴れたように、宇宙が透明になるのだ。これを宇宙の晴れ上がりと呼ぶ。

　なお、「晴れ上がり」という用語は日本独自のものであり、京都大学（当時）の佐藤文隆による命名とのことである。晴れ上がり以降、光は何物にも遮られることなく、宇宙膨張によって波長を伸ばしながら宇宙を旅し、１３８億年後の現在の私たちまで到達する（図5-5）。これこそが宇宙マイクロ波背景放射である。

晴れ上がりの過程を最初に詳細に計算したのが、宇宙マイクロ波背景放射発見にも貢献したピーブルスである。このことがノーベル賞受賞の業績の一部となっている。じつは、京都大学の林忠四郎のグループでも、この過程が重要であることが認識されており、同時期に計算を進めていたのである。残念ながら、結果としてピーブルスに先を越されてしまった。私は生前の林教授に、直接このあたりの事情をお伺いしたことがある。教授は、「テーマを与えた学生を間違えた」とおっしゃっていた。コンピュータによる数値計算の得意な学生がいたにもかかわらず、きわめて優秀だが数値計算がからっきしの学生に計算を依頼してしまったのである。何しろ、当時の京都大学の計算機センターというのは、週に1度、業者がやってきて、計算コードが打ち出されたパンチカードなるものを大阪にある大型コンピュータに持っていき、翌週、その結果が渡される、というものであったそうである。１週間待って、文法の「エラー」で、計算ができていないことを知るというのであるから、計算が苦手な学生にとっては、どれだけ時間があっても間に合わない。競争に負けるはずである。数値計算黎明期のころのお話である。

第6章 残された謎とインフレーション

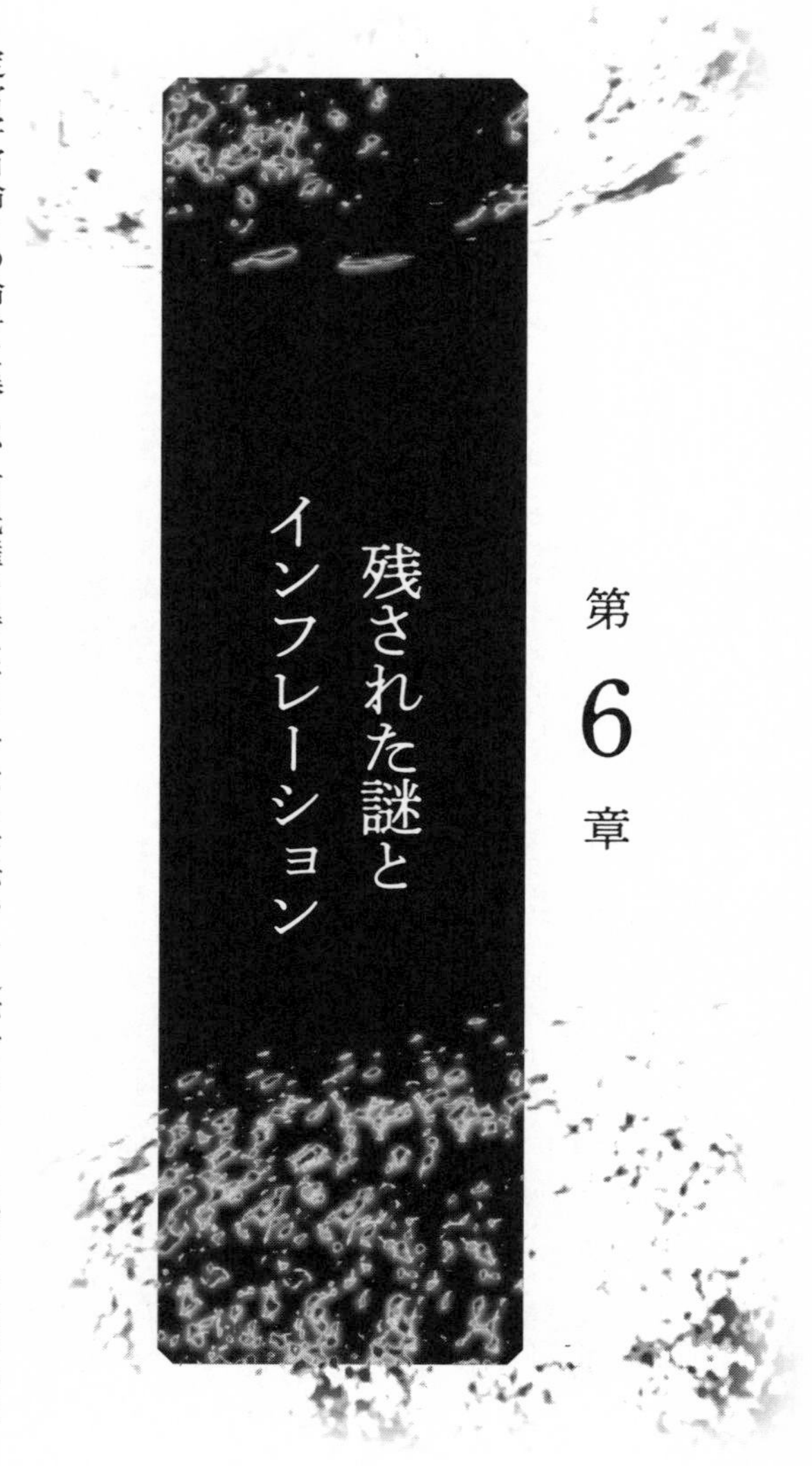

定常宇宙論との論争に勝ち、市民権を得たビッグバンだが、それがどのように始まったのかについては不明であり、また、ビッグバンそのものに対しても、いくつかの問題点が指摘されてき

た。それらの疑問に答えるために、ビッグバンを導くものとして考え出されたのが、インフレーションである。

宇宙の始まりが、熱く、密度の高い火の玉のような状態、ビッグバンであることは、元素の起源と、宇宙マイクロ波背景放射という2つの証拠から、もはや疑うものは誰もいなくなった。なお、ビッグバンという言葉を、「宇宙の始まり」の1点、という意味で使っている場合があるが、本書では「熱く、密度の高い火の玉のような状態」として定義する。つまり、少なくとも光や陽子、電子が互いに激しく衝突しあって、エネルギーを互いに受け渡ししていた時期である宇宙誕生後数十年までは、ビッグバン（という状態）が続いていたと考えられる。さらにその後もしばらくの間、光が電子などとたえず衝突して（エネルギーの受け渡しは起きない）、宇宙が不透明な時期が続く。この時期もビッグバンに含めてよいかもしれない。するとビッグバンの終わりは宇宙の晴れ上がり、つまり宇宙誕生後38万年ということになる。

さて、次なる疑問は、ビッグバンは宇宙の本当の始まりなのか、である。じつは、そうは考えられない理由がある。ビッグバンの熱、つまり初期に持っていた莫大なエネルギーが、いったいどこから来たのか、このことを考えてみると、ビッグバンに先んじて、ビッグバンを用意した何らかがあったに違いない、ということに思い至るのである。ビッグバンの最初の一撃を用意したもの、それこそが宇宙初期の莫大な膨張、インフレーションである。

そもそもインフレーションのアイデアは、ビッグバンの理論的問題点を解決するために考えられた。その存在が揺るぎないものに見えたビッグバンだが、一方でまた、致命的な欠陥が内在されていることもすぐに明らかになってきたのである。それらの欠陥は、地平線問題、平坦性問題、そしてモノポール問題と呼ばれる。

地平線問題

ビッグバンの欠陥、まず1つ目が地平線問題である。ルメートルの宇宙卵を思い出していただきたい。膨張宇宙の時間を逆回しにして遡っていくと、宇宙はどんどんと縮んでいくこととなる。最終的には、宇宙のすべての場所が、1点に集まっていく。宇宙の全物質が1点に集まるこの状態こそ、ルメートルの宇宙卵であり、ビッグバンの始まりであると説明した。この考えに基づくと、ビッグバンが起きた「場所」があることになる。そこから宇宙が広がっていったものと考えられるのだ。

実際、筆者が宇宙論に関する一般向け講演を行うと、講演後によく聞かれる質問が、「ビッグバンはどこで起きたのですか?」というものだ。質問者は、「XXX星座の方向です」というよ

図6-1　ビッグバンはどこで起きたのか？

うな答えを期待していることと思う。きわめてもっともな疑問である。

　この質問に答えようとすると、すぐに気づくことがある。1点を指し示すことができるとすると、宇宙マイクロ波背景放射は、その方向からしかやってこないはずだ（図6−1）。しかし、観測事実はそれとはまったく異なる。ありとあらゆる方向からやってきているのだ。

　ビッグバンが1点で起きたとすると、さらに奇妙なことに気づかされる。はたして、宇宙マイクロ波背景放射を、現在、この地球で観測できるのか、という疑問である。1点で起きた場合には、ビッグバンから138億年経った現在においては、ビッグバン地点からぴったり138億光年隔たった場所（正確には、光が放たれてから空間が膨張していくので、138億年旅をする間には460億光年隔たることになる）のみが、ビッグバンからの光を受け取れることになるはずだ。それより近い場所であれば、すでに光は通り過ぎているだろうし、遠ければ、まだ到達していない。たまたま、まったく偶然に、私たちのいる場所がビッグバンの地点からちょうど138億光年（460億光年）離れていたのだろうか。そのような確率はあり得ないぐらい低いだろう。

この質問に答えるためには、一つの大きな仮定をすればよい。それは、「宇宙のあらゆる場所でビッグバンが同時に起きた」というものだ。このように考えると、先の疑問は生じなくなる。宇宙マイクロ波背景放射はすべての方向からやってきて、しかも時間が経つと、遠くのビッグバンの場所からの光が届くようになるので、ずっと見続けることができるのだ。

しかし、この仮定を実現するのは困難だ。いっせいにビッグバンを起こすためには、それぞれの点が互いに連絡をとり合わなければならない。子供がやるように、「いっせいのーせ」（関東の方言？）と掛け声をかけて示し合わせることでいっしょにビッグバンを起こさなければならないのだ。

ここで問題になってくるのが、因果律である。アインシュタインの相対性理論によれば、どのような情報も、真空中の光の速さを超えて届くことはできないのだ。ビッグバンの始まりの時期であれば、宇宙が始まってから間もない。そのため、光でさえほんのわずかな距離しか動くことができない。光の速度を超えて連絡をとることができない以上、遠く離れた場所で（互いに示し合わせて）「同時」にビッグバンを起こすことは不可能なのだ。

さらに、どの方向からのマイクロ波背景放射もほとんど同じ温度を示していることから、ビッグバンの始まりの温度も厳密に揃える必要がある。互いに連絡もとれないのに、どうしてまったく同じ温度からスタートできたのか、不明である。

因果的に結びつける領域の限界は、宇宙が始まってから光が到達できるところまでである。この領域を地平線と呼ぶ。地平線問題とは、地平線に区切られ元来は宇宙開闢（かいびゃく）以来一度も因果的に結びついたことのないおのおのの領域が、なぜ同時にビッグバンを起こし、またその温度が揃っているのか、という疑問なのである。

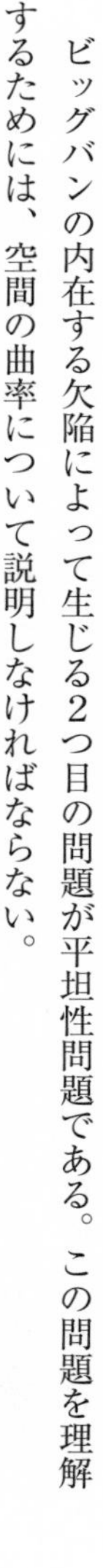

平坦性問題

ビッグバンの内在する欠陥によって生じる2つ目の問題が平坦性問題である。この問題を理解するためには、空間の曲率について説明しなければならない。

曲がった空間、というと何か非常に難しい概念のように感じてしまうかもしれない。高校まで習う幾何学は、ギリシャのユークリッド幾何学をベースにしている。そこで前提の一つとしているのが、平行線は交わらない、ということである。確かに、机の上の紙に平行線を書くとどこである。

まで行っても交わらないように見える。これはその机の上という空間が曲率を持たず平坦だから

その代わりに地球儀の表面を考えてみよう。これが曲がった空間の例だ。表面なので2次元である。地球儀上で赤道を通り、赤道に直交する2本の線を書いてみる。どちらも赤道に直交しているので平行である。この平行線を北極のほうに伸ばしていく。すると北極点で交わる。平行線が交わるのだ。次に、地球儀上に三角形を描いてみる。さて、その内角の和ははたして180度だろうか? じつは、180度よりも大きくなるのである。北極点と赤道上の2点で三角形を描いてみればこのことはすぐにわかるだろう。

たとえば、シンガポールと南米エクアドルの首都キトはどちらも赤道直下だ。そこに向けておのおの経線を北極点から下ろす。そしてシンガポールとキトを赤道で結ぶ。これで三角形が出来上がった。ただし、この三角形でシンガポールを挟む角度もキトを挟む角度もどちらも90度だ。経線と赤道は直交するからである。すると直角が2つあるので、残りの北極を挟む角度(178度)を加えると、必ず内角の和は180度よりも大きい(この場合は、ほぼ360度!)ことがわかる。膨らんだ三角形になるのだ(図6-2)。このように三角形が「太って」その内角の和が180度よりも大きくなる場合を、正の曲率を持った空間と呼ぶ。これとは逆に、「痩せて」内角の和が180度よりも小さくなる場合が、負の曲率を持った空間だ。2次元の場合であれば、馬の

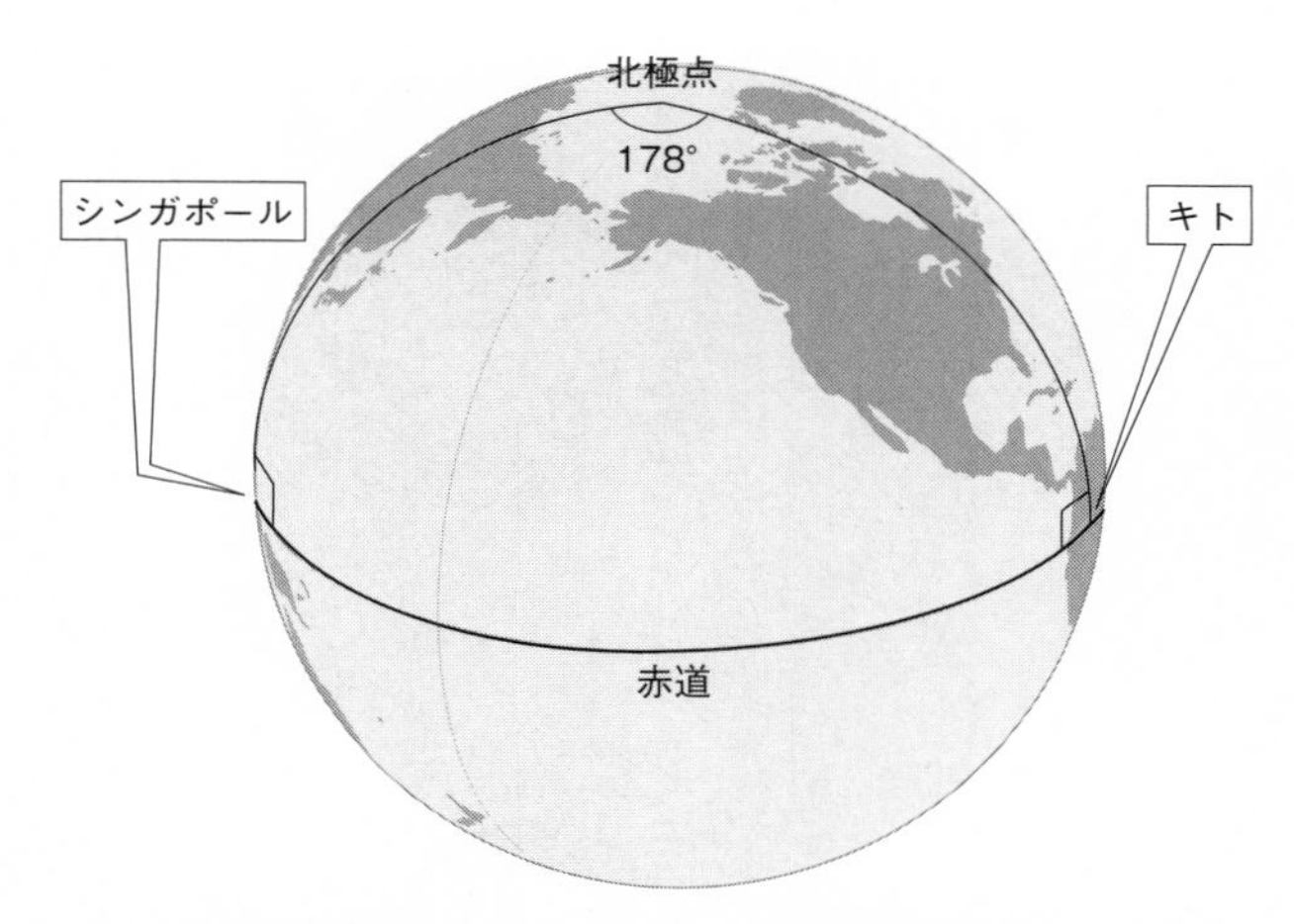

エクアドルの首都キトとシンガポールはほぼ赤道直下だ。この２つの地点で、赤道に直交する線を書く。どちらも赤道に直交しているので平行のはずだが、２つの線は北極点で交わる。図の三角形の内角の和は何度になるだろうか。

図6-2　曲がった2次元空間での三角形

鞍や、ある種のポテトチップの表面のような「えぐれた」形がそれに当たる（図６-３）。

さて、空間の曲がりは、どのようにして決められるのだろうか。空間の曲がりが、重力によって決められることに気づいたのが、アインシュタインだ。１９１５年に完成した一般相対性理論のエッセンスは、まさに、この空間の曲がりと重力の関係を導くものなのである。重力が強ければ、空間はそれによって曲げられて正の曲率を持つ。弱ければ負の曲率になる、というわけである。

宇宙初期でもこの条件は成り立っている。宇宙にある物質の量がある

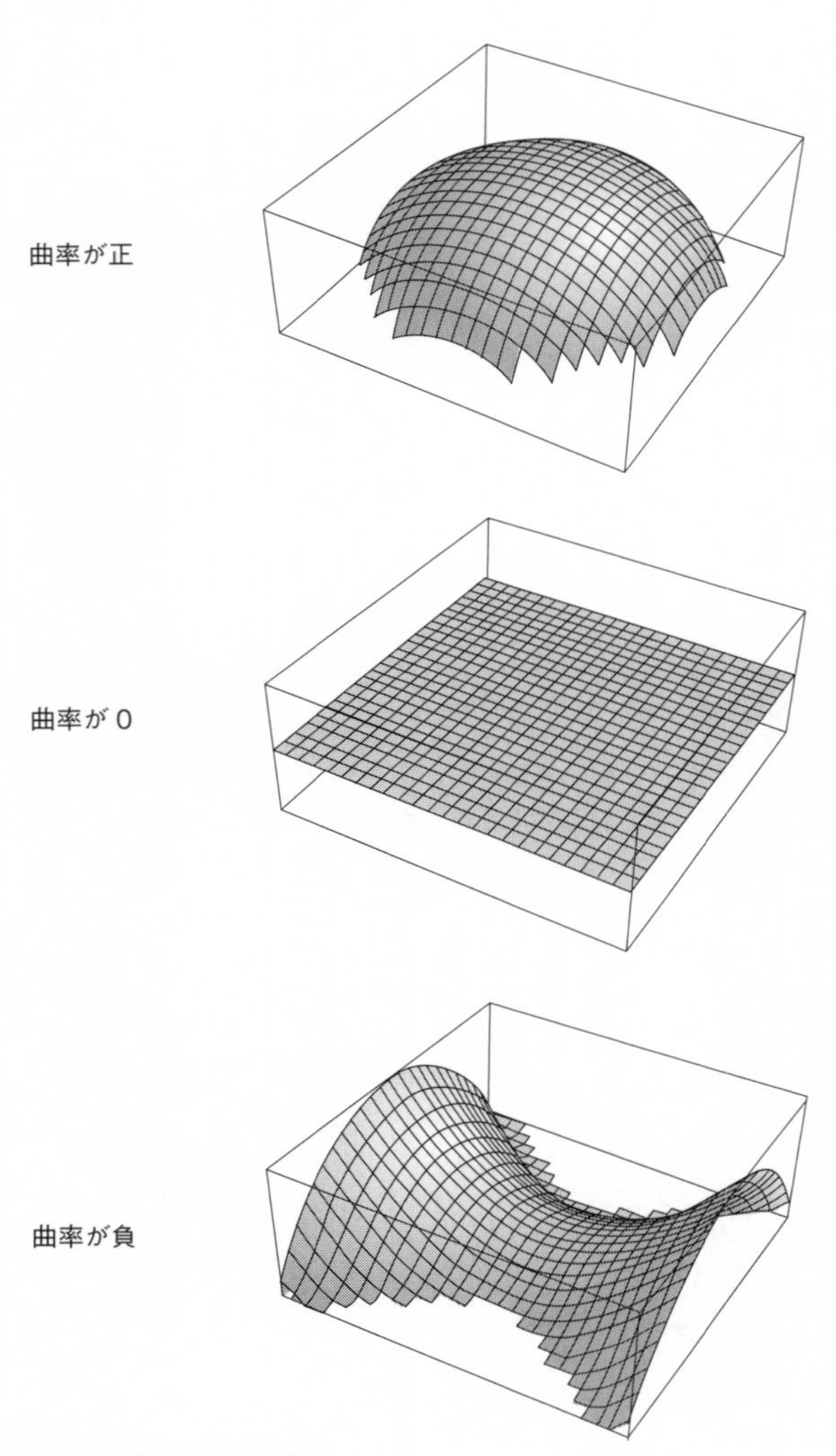

図6-3　3種類の空間曲率

特別な値よりも少しでも大きければ、曲率は正になる。小さければ負だ。ちょうどぴったりの物質量でない限り、平坦ではなく曲がった空間となるのである。

それとともに曲率が重力で決まるというアインシュタインの式は、もう一つのことを教えてくれる。物質の作る重力は、単に空間を曲げるだけでなく、空間の膨張にも影響を及ぼすのである。逆に、空間の膨張がどのように決まるか、という観点で見てみると、空間の曲がり具合と、物質が持っている重力で、その速度が決まる、という形で書かれることになるのだ。

さて、曲率を持って誕生した宇宙は、膨張をしていくと、曲率は小さくなっていく。小さなボールよりも、大きなボールのほうが表面の曲がり具合が小さい、というわけである。数学的には、曲率は、空間のサイズ（たとえば、ボールの半径）の広がりの2乗に反比例して縮んでいくことがわかっている。一方、重力を及ぼす空間の中にある物質のほうは、空間が広がると、その体積に反比例して、密度を下げていく。体積であるから、密度はサイズの広がりの3乗に反比例することになる。密度が重力を生み出すので、重力も3乗に反比例、ということになる。この2乗と3乗がカギとなる。空間が広がると、曲率に比べて、重力のほうが、どんどん小さくなっていくのだ。たとえば膨張で空間が2倍になれば、曲率は4分の1だが、重力は8分の1になるのだ。

ここで膨張の速さが曲率と物質の重力で決まることを思い出そう。まず、宇宙誕生時に、曲率が物質の重力で決まり、それが膨張の速さを決める。宇宙が発展すると、膨張とともに曲率は減少していくが、物質密度はもっと小さくなっていく。相対的に、宇宙の膨張速度は曲率に支配されていくことになる。現在の宇宙は、物質の重力の影響は非常に小さく、空間の曲がりに支配されているはずなのである。しかし、これは現実の観測に合わない。現在の宇宙の空間の曲がりを測定する観測からは、物質の重力に比べて曲率の影響はむしろ小さい、という結論が得られているのだ。

時間を逆回しにすると、さらに奇妙なことに気づく。現在の宇宙では、物質の重力が曲率よりも大きいという観測事実からスタートする。過去に遡ると、空間は小さくなっていく。半分の大きさの時期まで戻ると、物質の重力のほうは3乗に反比例するので8倍に増え、曲率は2乗なので4倍だ。もともと物質の重力のほうが勝っているのに、さらに差は広がっていく。宇宙初期まで戻ると、この差はどんどんと増加する一方である。宇宙初期では、空間の曲率は完全に無視でき、空間の膨張速度は物質の重力だけで決まることとなる。宇宙はスタート時点では、空間曲率が無視できる、すなわち平坦であったに違いないのである。

どうやって、宇宙の始まりの時点で、平坦な空間を用意できたのか、それが平坦性問題だ。特別なことが起きていない限り、宇宙初期では、空間曲率と重力は同じ程度の大きさのはずなのに、である。

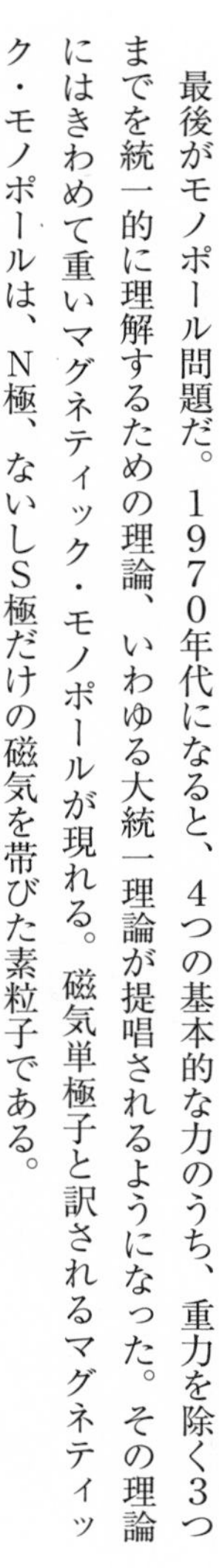

モノポール・残存粒子問題

最後がモノポール問題だ。１９７０年代になると、４つの基本的な力のうち、重力を除く３つまでを統一的に理解するための理論、いわゆる大統一理論が提唱されるようになった。その理論にはきわめて重いマグネティック・モノポールが現れる。磁気単極子と訳されるマグネティック・モノポールは、Ｎ極、ないしＳ極だけの磁気を帯びた素粒子である。

通常、磁石は必ずＮ、Ｓ両方の極を持ち、分割しても、そのどちらにも再びＮとＳが現れる。このように２つの極を持つものをダイポール（双極子）と呼ぶ。どちらかの極だけの単極子、すなわちモノポールは出現しないのである。もしマグネティック・モノポールが宇宙にあれば、それはきわめて特異な素粒子として観測されることとなる。大統一理論に従うと、ビッグバンではほかの素粒子と同様、マグネティック・モノポールも大量に作られ、そして壊れることなく現在まで残るものと期待された。しかし、実際にはいくら観測を試みても見つかることはなかった。

マグネティック・モノポールはいったいどこに消えたのか、これがモノポール問題である。なお、単純な大統一理論は１９８０年代に否定されることとなる。先に述べたように、大統一理論は、陽子が崩壊することを予想するが、カミオカンデおよびスーパーカミオカンデ実験が、陽子

の寿命が大統一理論の予想よりもはるかに長いことを証明したからである。

しかし、モノポール問題と同質の問題は、標準理論を超えた素粒子理論にはつねに内在されている。これまで一度も見つかったことのない、何らかの重い素粒子の存在を予想するのだ。たとえばその一例が超紐理論で予想されるモジュライと呼ばれる素粒子である。この素粒子の過剰生成はモジュライ問題と呼ばれるが、本質はモノポール問題と同じである。現在では、このような初期宇宙に誕生したはずの粒子が、現在の宇宙に見つからないという問題をまとめて、「残存粒子問題」と呼ぶこともある。

ビッグバンを生み出したインフレーション

ビッグバンを生み出し、そのうえで、以上の3つの難問を解くために考案されたのが、インフレーションだ。ビッグバンの前、宇宙が始まってすぐに、空間が光速度を超える速さで莫大な膨張をした、と考える説である。ごく短い時間で空間を30桁倍も広げたという。

空間を膨張させるには莫大なエネルギーが必要となる。宇宙全体を膨張させるような莫大なエネルギーは、空間自体が供給したと考えるほかはない。ここで、ミクロの世界を支配する量子論が重要な役割を果たす。量子力学の創始者の一人、ポール・ディラックは、何もない「真空状態」の空間は、じつは負のエネルギーを持った電子によって埋め尽くされている、という「ディラックの海」の概念を提唱した（図6-4）。ミクロの世界では、ごく短い時間、負のエネルギーを正のエネルギーに変えることで、電子が生み出される現象が生じる。海から取り出されるわけだ。そのとき、電子が飛び出して残された「穴（ホール）」こそ、電子の反粒子である陽電子であることがわかり、後にディラックはノーベル物理学賞を受賞している。

ディラックは、ニュートンが2代目であったケンブリッジ大学の名誉あるルーカス教授職（ルーカス・チェアー）を務めたことでも知られる。2代後にこのポストを継いだのがホーキングである。ディラックはきわめて無口であったという。無口の度合いを示す冗談として、ケンブリッジの同僚は、1ディラック、という単位を発明した。これは1時間当たり、1語のペースで話す単位だそうである。

ポール・ディラック

さて、真空とは、けっして空っぽではなかった。通常であれば、負のエネルギーを持った電子で埋め尽くされているとしたら、そこが逆に正のエネルギーを持っていたらどうだろうか。初期宇宙の真空が、正のエネルギーを持ったインフラトン、というインフレーションを引き起こす「粒子」で埋め尽くされていたら、そのエネルギーを用いて、空間自体が勝手に膨張を加

ディラックの海
真空には負のエネルギー状態の電子が詰まっている

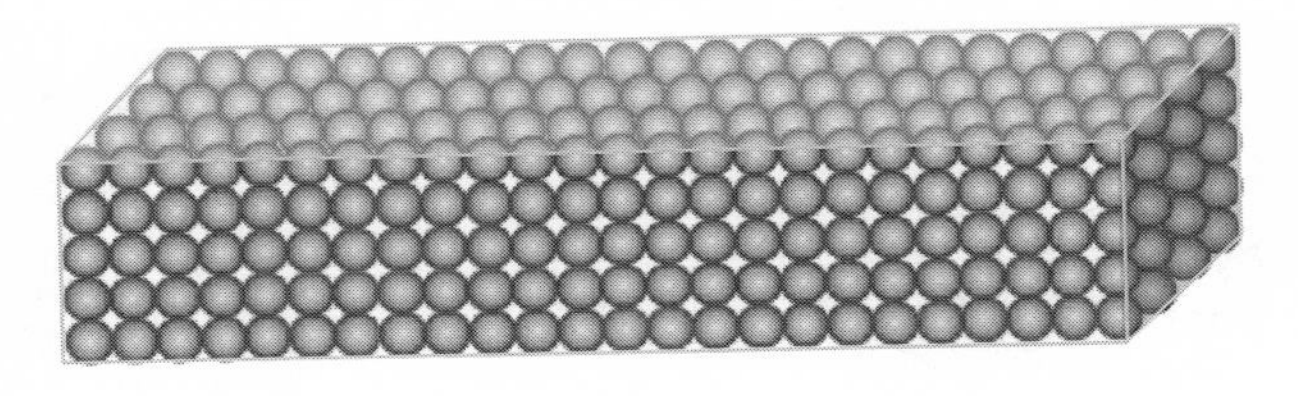

電子が真空から取り出されると、残された「穴」が陽電子

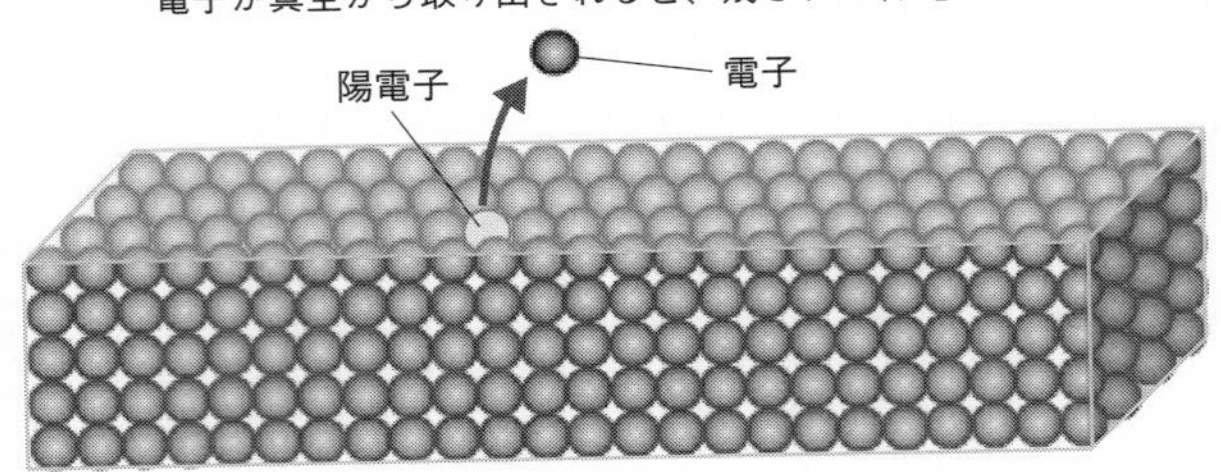

図6-4　「ディラックの海」の概念図

速させていくことになるのである。ここで粒子、と書いたが、実際には空間全体を広く支配しているので、空間の状態を表す「場」という言葉が適当であろう。インフラトン場の真空のエネルギーで引き起こされる、急激な加速膨張こそ、インフレーションなのである。この加速膨張で、空間の長さは少なくとも30桁倍に引き伸ばされたという。これはとてつもない膨張だ。30倍ではない、30桁倍である！　たとえば、髪の毛の太さ程度である0・1㎜の領域であれば、100億光年にまで引き伸ばされるのだ！　宇宙の果て近くまで行ってしまう。

　さて、インフレーションを引き起こした真空のエネルギーは、その後どうなったのであろうか。インフレーションが終了するとともに、膨大な熱エネルギーに変わり、標準理論で予想される17種類の素粒子すべてを生み出した、と考えられるのである。ビッグバンである。

　じつは真空がエネルギーを持っていて、それが熱を生み出す、というのは日常生活でも見られる現象である。水を例にとろう。水というのは、１気圧であれば０℃で氷結する。温度を下げていって、水という液体の状態から、氷という固体の状態へ変化することを相転移と呼ぶ。液体の相から固体の相への転移、というわけだ。この相転移が起きるのを０℃より低い温度にすることが可能である。水を入れたペットボトルをタオルなどにくるんでゆっくりと冷やしてやればよい。０℃よりも低い温度になってもしばらくは水の状態でいられるのだ。この現象を過冷却と呼ぶ。過冷却状態にある水は、相としては液体である。しかし、安定な状態にあるわけではない。０℃より低いのであるから、氷という固体の相でいるほうが、自然、つまり安定なのである。０℃より高い温度では、水という状態が、最も安定な状態、すなわち真空であり、低い温度では、氷という状態が真空なのだ。

　では、この過冷却状態にある水はどうだろうか。これこそが、インフレーション中と同様の、真空がエネルギーを持った状態、「偽の真空」とも呼べる状態である。ここでは真の真空が氷、ということになる。この偽の真空状態にある水をたたくなど、少し刺激してやる。すると急激に氷に変化する。真の真空状態に転移したのだ。このとき、偽の真空が持っていたエネルギーのことが気になる。いったいどこへ行ってしまったのだろうか。じつは、氷に変わるときに、熱が放出されるのだ。氷になるから冷える、と思うと誤りである。余分な熱がむしろ生まれるのである。これを潜熱の解放、という。過冷却の水が氷になると、熱が生じる。インフレーションが起きた後に、そのエネルギーが熱に変わる現象は、まさにこれと同じなのである。インフレーションとは、インフラトンという場がエネルギーを持った「偽の真空」状態にあるときに空間が急激にする事象だ。その後「真の真空」に転移した結果、大量の熱が放出され、ビッグバンが起きるのである。

3つの難問の解答

次にインフレーションがどうやってビッグバンの3つの問題に解答を与えるのか説明しよう。

地平線問題は、因果的に結びついていなかったはずの領域がどうやって同時多発的にビッグバンを引き起こしたのか、という問題であった。因果的に結びつける領域、というのは、その時点での宇宙年齢に光の速度をかけて得られる距離である。何物も真空中の光の速度を超えることはできない。光が到達できる距離が、互いに連絡できる限界、というわけである。

宇宙が誕生してインフレーションを迎える前までに、因果的に結びつける領域は広がっていった。ここで、小さな数字を扱うので、10のベキの表記を使わせていただくこととする。肩に乗っかった数字の分だけ0が加わる。10^1は10、10^2は１００である。肩がマイナスであれば、小数だ。10^{-1}は０・１、10^{-2}は０・０１という具合である。さて、インフレーションの始まる時間を宇宙誕生直後、仮に10^{-36}秒としよう。宇宙誕生からこのときまでに光が進める距離として、秒速30万km（３×10^5km）の光速度をこの時間にかけて３×10^{-31}kmを得る。これが、地平線の半径ということになる。

もしインフレーションが存在しなければ、この後は通常の膨張宇宙の法則に従って空間は広がっていく。通常の膨張で、現在に至るまでにはおよそ29桁も空間が広がるのである。莫大な数字に思えるが、この拡大率をかけても、先の地平線の半径、３×10^{-31}kmは、３×10^{-2}km、すなわちわずか30ｍにしかならない。ごくわずかな空間しか占めることができないのである。

しかしインフレーションが存在すると話はまったく異なる。インフレーションで30桁膨張するため、その終了までには、インフレーション直前の地平線は半径０・３kmにまで拡大される。これがその後のビッグバン宇宙での膨張によって、さらに引き伸ばされる。インフレーションが終了するまでに、少し時間がかかるため、そこからの膨張は、先ほどの29桁よりも少し小さく、25桁程度と見積もられる。０・３kmを25桁膨張させると、３×10^{24}km、これは３０００億光年である。この数字は現在の地平線の大きさ４６０億光年をしのぐ。現在の地平線より大きい、ということは、インフレーション直前に地平線に囲まれていた領域が、現在見える宇宙全体に広がっているということだ。インフレーションによって、その直前の因果的領域（地平線）を、一気に今の宇宙の地平線を越えて引き伸ばすことに成功したのである（図6-5）。

数字がいろいろ出てきて混乱したかもしれない。繰り返そう。結局、インフレーションは、それが始まる直前の地平線を一気に現在の宇宙の地平線よりも大きくするのである。インフレーション直前の地平線の内側は因果的に結びつけた領域で、そこでは光や素粒子が混じり合うことで、温度などの条件が揃っていたはずである。その領域を現在の宇宙全体以上に広げることで、ビッグバンを同時多発的に、現在の宇宙の中、どこでも、それどころか宇宙全体を超えて引き起こすことが可能となるのである。地平線問題の解決である。

次に、平坦性問題である。宇宙の空間の曲がりが宇宙初期では極端に小さくなければならない、というのがこの問題であった。インフレーションの莫大な膨張は空間を平らにならす働きがある。これで解決、といえそうである。しかし、残念ながら、そうは問屋が卸さない。このとき、物質のほうも空っぽにしてしまうのである。これでは問題の解決にはならない。物質のほうは残したまま、空間を平坦にしなければならないのだ。そのようなことは通常では不可能である。

しかし、ここでインフレーションには空間の急膨張以外にもう一つ重要な働きがあったことを

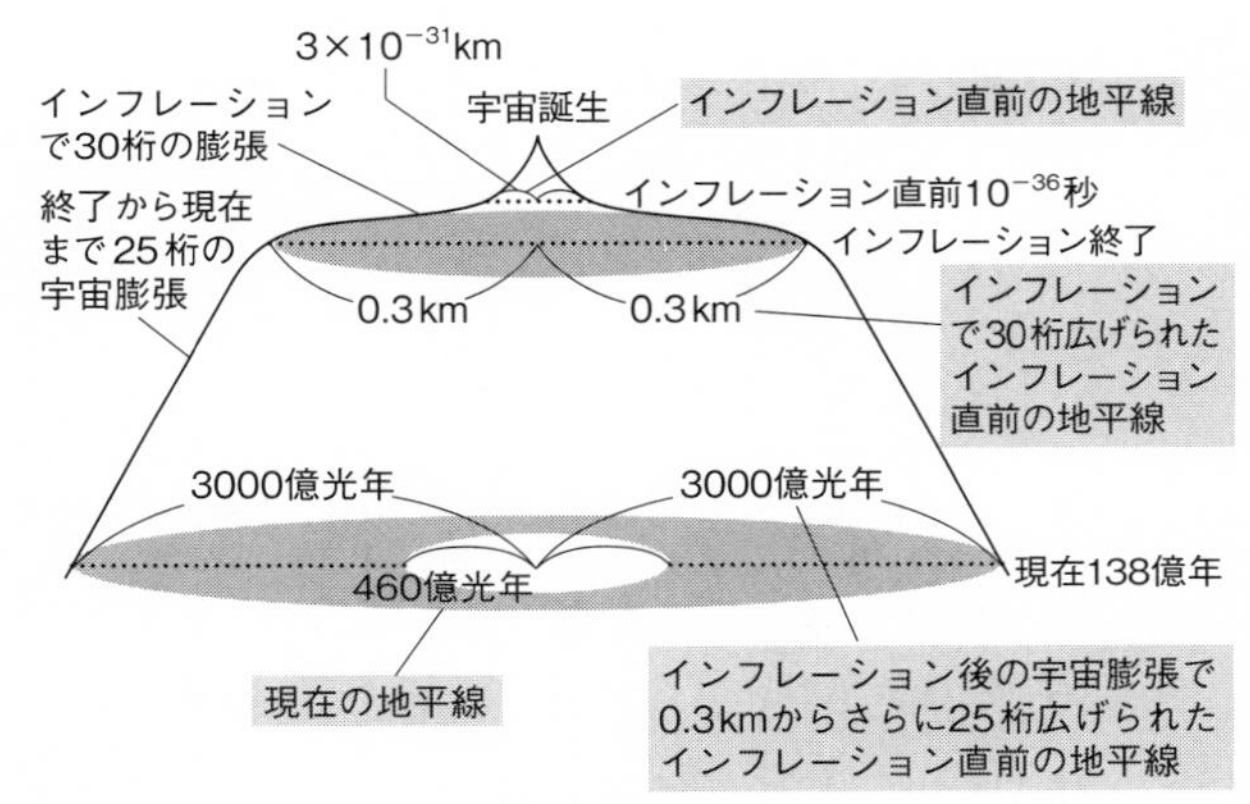

図6-5　インフレーションによる地平線の膨張

思い出そう。終了後にビッグバンを生み出すのである。インフレーションはそのエネルギーを熱に変えることで、宇宙空間に大量の物質（素粒子）や光を高温状態で生み出す。結果として、空間は平坦にしたまま、物質を生み出すのだ。物質はあるが、曲率のない平坦な空間の出来上がり、というわけである。平坦性問題の解決である。

最後がモノポール問題（または残存粒子問題）である。宇宙最初期に生まれたマグネティック・モノポールなどの重い素粒子は、インフレーションによって空間が広がることから、薄められ、宇宙にはほとんど存在しなくなる。このとき、標準理論に登場する17種類の素粒子についてもいったん消えてしまう。しかし、インフレーションのエネルギーが熱に変わり、ビッグバンが生じるとき、標準理論の素粒子は再び生成される。

ここでカギとなるのが、ビッグバンのエネルギーはマグネティック・モノポールやほかのよけいな残存粒子を作るには十分ではないということだ。インフレーション後のビッグバンではマグネティック・モノポールやモジュライなどは生まれないのである。このようにしてインフレーションは現在の宇宙に存在しない「不要な」素粒子を選択的に消すのである。

光の速度を超える膨張

以上のように、インフレーションはビッグバンの持つ3つの問題点をみごとに解決することに成功した。しかしインフレーションには、光の速度を超えて空間を広げるという一見非常に奇妙な作用が必要となる。

アインシュタインの相対性理論によれば、光の速度を超えることはできないはずである。インフレーションは、いきなりこの重要な原理を破っているように見える。しかし、ここで注意しなければならないのは、この原理は物体どうしの間の速度に適用されるということである。空間そのものの速度について述べているわけではないのだ。

では、光の速度を超えて膨張している空間で、観測者が天体の運動を観測すると、どのように見えるのだろうか。不思議なことに、その速度は光の速度を超えることはないのである。天体からの光は、膨張が速まっていくと観測者に届くのに時間がかかるようになる。ちょうど、歩く歩道を逆走しているようなものだからだ。光が放たれてから到着するまでに時間がかかる、ということは、昔の姿が見えている、ということになる。観測者の時間に比べて、見かけ上、天体の時間がゆっくりと過ぎていくように観測されるのである。

天体の遠ざかる速度が上がると、時間はさらにゆっくりと過ぎていく。ついには、光の速度に到達すると、まったく時間が経たなくなるのだ。そして、光の速度を超えると、天体からの光は観測者には届かなくなる。歩く歩道のスピードが歩く速さを超えてしまうと、逆走しているのに進むどころかバックしてしまうのと同様である。このように、光の速度を超えた現象はけっして観測されることはない。因果律は破れないのである。

では、光速を超える膨張、というのはどういう仕掛けになっているのだろうか。それは時間にカギがある。先の観測では、天体と観測者は別な時計を持っている。インフレーション中の空間の広がりを測定するためには、２点の距離を、「同じ時計」で計測する必要がある。ここが違いである。このような計測は、宇宙にいる観測者にはけっしてできない。神の視点、とでもいうような視点でもって、２点の距離を同じ宇宙の時刻で測定しなければならないのである。たとえば、宇宙が誕生してから１秒経ったときのＡ点とＢ点の距離を測定し、その後また１秒経った時点で再びＡ点とＢ点の距離を同時に測定できれば、膨張の速度が測れ、光の速度を超えているかどうかわかるだろう。しかし、そのような計測は、現実の観測者には不可能なのである。

インフレーションは定常宇宙?

ここで、定常宇宙論とインフレーションについて、少し触れておこう。ホイルらの提唱した定常宇宙論は、宇宙に始まりもなければ終わりもない、と述べた。

じつは、インフレーションは、その継続期間中は、まさに始まりもなければ終わりもないという状態にあったといえる。始まりのある宇宙で起きたインフレーションだが、いったんインフレーションになると、空間が時間とともに指数関数的に増加していくことになる。指数関数とは、倍々ゲームで増加していくことだ。倍々ゲームとは、たとえば1秒間で、空間の大きさ、つまりすべての点の間の距離が2倍に拡大するような場合である。ある時刻の宇宙の大きさを基準とする。そこから1秒経つと基準の2倍となる。2秒後では1秒後の2倍になるので、もともとの基準から見ると4倍だ。3秒後で8倍、4秒後で16倍、そして10秒後ではなんと1024倍の大きさに到達するのである。加速度的な膨張である。驚くべき勢いで膨張していく。

この倍々ゲームこそ、経済の用語でいうところのインフレーション、つまりインフレである。宇宙のインフレーションは、経済用語から借用したのだ。倍々ゲームの恐ろしさを伝える話はいくつも考えられる。たとえば、『1つぶのおこめ』（デミ　光村教育図書）という絵本では、悪い王様をこらしめるために、賢い女の子が米粒をご褒美にもらうという内容が語られている。「最初の日に1粒の米をください。次の日には2倍の2粒、3日目はさらに2倍、これを1ヵ月の間お願いします」というお願いをするのである。一見、無欲だが、30日目には、5億粒、これは、10kgの米袋1000袋分にもなるのである。また、0・1㎜の厚さの紙を折っていく。これを42回繰り返すと月まで到達できるのだ。なんだかできそうに思えないだろうか。

インフレーションは倍々ゲームなので、空間は莫大に広がっていく。しかし、一方で時間をどこまで追っていっても無限大にはならないのである。永遠に続く急膨張なのだ。おもしろいことに、この時間は逆にも遡っていける。1秒前であれば、2分の1の大きさ、2秒前で4分の1、3秒前なら8分の1だ。急激に小さくなっていくが、こちらもどこまでも戻していける。このような指数関数的に空間が増加していく宇宙は、無限の過去から無限の未来まで存在できることになる。まさに定常宇宙、というわけである。

ビッグバンに敗れて、誰も顧みなくなった定常宇宙論、しかし、ビッグバンの前のインフレーションとして、意外なところでそのエッセンスは復活していたのだ。ただし、現実のインフレーションは無限の過去にスタートしたり、無限の未来まで続くわけではない。ビッグバン宇宙につながるためには、どこかで必ず終わりを迎え、ビッグバンがスタートしなければならないのである。それを引き起こすのが、先に述べた真空の相転移である。一方で、インフレーションがどのように始まったかは、いまだわかっていない。水の過冷却の例を思い出すと、水の温度を下げていくと、通常の水というエネルギーのない真の真空状態から、過冷却、というエネルギーを持った偽の真空状態へと移行した。過冷却の状態になってから、真空がエネルギーを持つのである。宇宙も同様に、最初は真空がエネルギーを持っておらず、膨張によって、真空がエネルギーを獲得した、と考えられる。しかしその具体的なメカニズムはいまだ解明されていない。

インフレーションが生み出す構造の種

さて、光の速度を超えて空間を広げるとともに、ビッグバンを生み出すインフレーションであるが、これ以外にも重要な働きがある。宇宙の構造の種を作るのである。

宇宙全体が小さかった時代に始まったインフレーションには、量子の世界の物理学が適用される。量子、つまり極微の世界では、あらゆるものが不確定だ。たとえば、真空でさえゆらぎ、そのエネルギーの値を変える。

インフレーションは、真空のエネルギーを用いて莫大な膨張をする機構だ。ある場所でのエネルギーの値がほかよりも小さければ、そこでの膨張は遅くなる。逆に、エネルギーが少しだけ大きければ、膨張は速くなる。膨張が遅ければ、なかなか薄まっていかないので、そこでの物質の密度は、膨張が速い場所に比べて高いことになる。結果として、物質分布に凸凹が生じ、密度ゆらぎが生み出されるのである。この物質密度のゆらぎが重力などの働きで成長し、やがて銀河や銀河団、そして宇宙の大規模構造などを生み出す。まさに、インフレーションが生み出したのは宇宙の構造の種であった。

インフレーションが生み出す宇宙マイクロ波背景放射温度ゆらぎ

物質の分布にゆらぎが生まれるのであれば、光、つまり宇宙マイクロ波背景放射にも同様にゆらぎが生じることが予想される。宇宙マイクロ波背景放射の強度が空の場所ごとに、微妙に異なるはずなのだ。黒体放射であれば、強度はそのまま温度に読み替えることができる。空の温度分布にゆらぎが見つかることが期待されるのである。

宇宙マイクロ波背景放射の発見から間もない、1960年代後半には早くも、このゆらぎがどのくらいの大きさになるのか、理論的に見積もられた。この先駆的研究を行った一人が、先にも登場したピーブルスである。そこで得られた値は、およそ1万分の1ぐらい、つまり3Kに対して、0・3mK（mKはミリケルビンであり、1000分の1Kを表す）程度のゆらぎであった。このこ

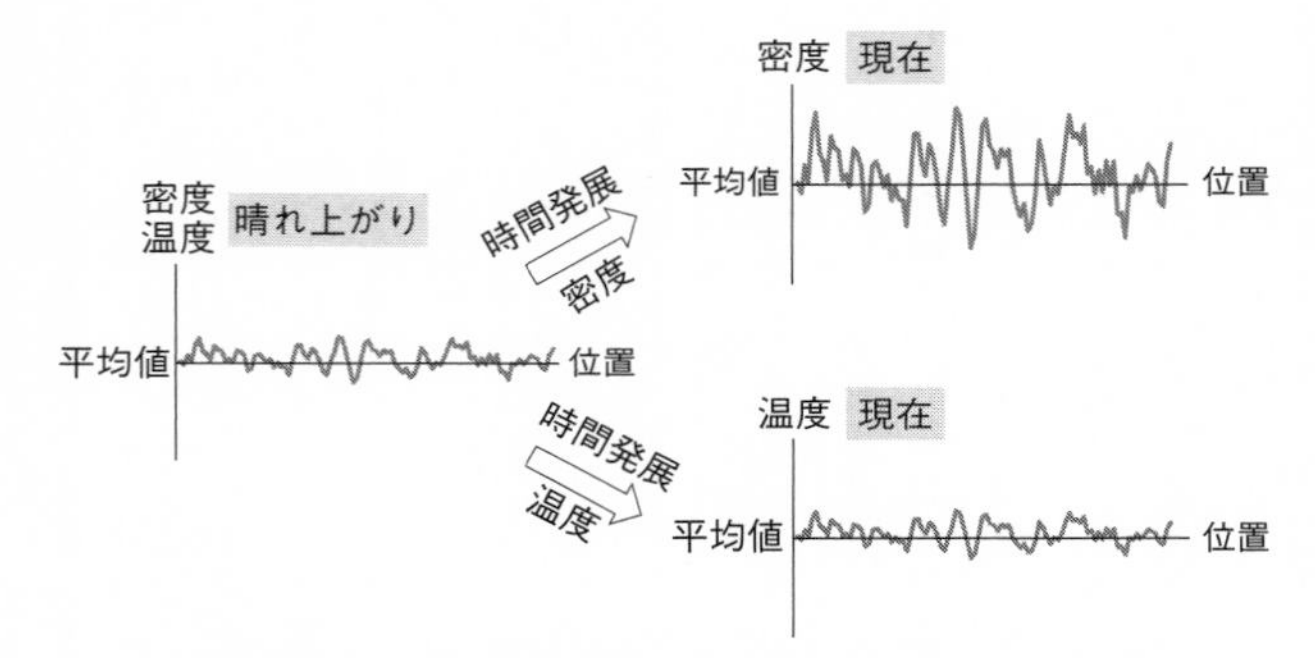

晴れ上がりの時は物質密度のゆらぎと温度ゆらぎはほぼ一緒だが、時間が経つと、密度ゆらぎは重力の働きで成長するが温度ゆらぎはそのままに留まる。

図6-6　ゆらぎの成長

とは、空全体の平均が3Kであるが、場所によって、平均より1万分の1程度、異なった値を持つ、ということを意味する。ある場所は、0・3mK高く、別な場所は、0・2mK低い、という具合である。場所によっては0・4mK大きいようなところもあるだろうが、1万分の1から外れたうんと大きい値や小さい値は取れない。3mKも高くなったりはしないのである。

さて、この1万分の1の根拠は以下のとおりである。以下、図6-6を参照されたい。まず、晴れ上がりの時期、温度が3000Kのころまでは温度ゆらぎと物質密度のゆらぎはほぼ同じ大きさであったと考えられる。温度ゆらぎを作る光子と、物質を構成する陽子や電子が衝突を通じて結びついているからである。

物質は、その後、自分自身の重力によって集まってくる。ほかよりも密度の高く重力の強い場所が周囲の物質を引きつけ、さらに密度をあげ重力を強める。この過程を繰り返すことで構造が成長していくのである。この機構を自己重力不安定性と呼ぶ。結局、晴れ上がりから現在まで、物質は１０００倍ほどもそのゆらぎを成長させる。一方、温度ゆらぎは光子に質量がないことから、重力では成長しない。結局、構造のゆらぎのほうが温度ゆらぎに比べ、現在では１０００倍ほども大きくなっていると期待されるのだ。

では、現在の構造のゆらぎの大きさは、いったいどれくらいあるのだろうか。その大きさは、構造のサイズによって異なる。その理由は、宇宙では小さい構造から順に出来上がっていくからである。

銀河程度、すなわち10万光年程度のサイズができ始めたのは、宇宙誕生数億年のころである。構造ができ始めるときとは、そこでの密度のゆらぎがおおよそ1程度になるときを表す。ゆらぎとは、平均の値からのズレの程度だ。密度のゆらぎが1ということは、そこでの密度の値が、平均と同じ値だけズレている、つまり平均の2倍ある、ということを意味しているのだ（負のほうにゆらいでいれば、ちょうど密度が0ということになる）。将来銀河へと育つ場所が、構造として認識されるためには、ゆらぎが1、すなわち、大雑把に言って、そこでの密度が宇宙の平均値に比べて、2倍程度の値を持っていることが必要なのである。銀河サイズでは、１３８億年の宇宙の歴史の中で、130億年以上も前に、ゆらぎがすでに1を超えたことになる。つまり、現在では、観測が示すとおり、平均に比べはるかに大きな密度を持っているはずなのである。

では、現在、密度ゆらぎがちょうど1程度の構造とは何だろうか。それは今まさに、ちょうど構造と認識され始めたもの、ということになる。それが、銀河団である。銀河の大集団である銀河団は、数千万光年にも広がった天体である。

まとめよう。現在の密度ゆらぎの大きさは、銀河のサイズでは1をはるかに超え、銀河団でちょうど1となっている。では、宇宙マイクロ波背景放射で見ているのはどのサイズのゆらぎなのであろうか。銀河団のサイズを基準に考えてみよう。遠方にある銀河団が空の上で占める領域は、思ったよりも小さい。典型的には、1分角（1度の60分の1）程度である。満月が30分角なので、満月の30分の1程度の領域ということになる。宇宙マイクロ波背景放射を観測する際には、そこまで小さな領域までは、なかなか分解できない。後に説明するプランク（Planck）衛星によってやっと分解することが可能になったサイズである。宇宙マイクロ波背景放射で観測できるサイズは銀河団よりも大きいのだ。銀河団より大きなスケール、ということは、ゆらぎが現時点で1には到達していないことになる。まだそのようなサイズの構造は宇宙に見られていないからである。だとすると、宇宙マイクロ波背景放射が観測するサイズの密度ゆらぎは、現在では、たとえば0・1程度と考えられる。晴れ上がりから1000倍成長して0・1、というわけだから、晴れ上がりのときには、1万分の1程度のゆらぎであったはずである。これが密度のゆらぎであり、先に述べたように、晴れ上がりのときには温度ゆらぎと密度ゆらぎがほぼ同じ大きさであったと考えられるので、温度ゆらぎは1万分の1程度、ということになるのである。

見つからない温度ゆらぎ

ピーブルスらの研究によって、宇宙の構造から温度ゆらぎの大きさが推定されると、温度ゆらぎを発見するための観測計画が次々と実行に移された。1万分の1に到達することは技術的にも難しく、また、大気のゆらぎや、遠方の宇宙に存在して電波をたえず出している電波銀河などが、観測のじゃまとなった。それでも、1980年代には、1万分の1の精度に到達できるようになったのである。しかし、不思議なことに、温度ゆらぎは見つからなかった。宇宙マイクロ波背景放射の温度は、空のどこでも同じだったのである。

ここで理論研究者は重大な見落とし、というよりも、新しい可能性に気づいた。宇宙にダークマターが満ち溢れていて、その量が通常の元素よりも多ければ、温度ゆらぎはこれまでの予想より小さくなる、ということである。

ツヴィッキーらによって、宇宙にはダークマターが満ち溢れていて、銀河や銀河団などの構造を重力的に支える役割を果たしていることは、第4章ですでに述べたところである。ダークマターは構造を作る主役なのだ。さて、ダークマターは光とは衝突しない。見ることができないのはそのためである。だとすると、ダークマターのゆらぎと温度ゆらぎは直接には関係しないことになる。そもそも晴れ上がりのときに、光と電子、陽子が衝突を通じて結びついていたから、温度ゆらぎと密度ゆらぎがほぼ同じ大きさである、と考えたのだ。ダークマターは、それらと衝突しないのであるから、晴れ上がりのとき、ゆらぎが同じ大きさでなくても良いことになる、というわけである。

温度ゆらぎよりも、晴れ上がりのときに大きな値を持っていたダークマターの密度ゆらぎ、そのゆらぎは、自己重力不安定性によってどんどん成長し、値を大きくしていく。ダークマターが集まっているところに、ダークマターがさらに集まっていくのだ。このダークマターに引きずられて、水素やヘリウムも集まり、そこで星が誕生するのである。温度ゆらぎと直接結びついているのは、この水素やヘリウムのゆらぎである。ダークマターの助けを借りて成長できるために、晴れ上がり時点での水素やヘリウムの密度ゆらぎは、ダークマターがないときに比べて小さくて良いことになる。小さくてもダークマターの重力によって十分に成長できるからだ。結果として、温度ゆらぎの大きさも小さくなることが予想される。

詳しく計算してみると、ほぼちょうど1桁温度ゆらぎが小さくなることがわかった。0・3m

Kではなく、0・03mK、つまり30μK（μKはmKの1000分の1）程度になりそうなのだ。実験家は落胆した。そこにあると思っていたものが、もう1桁下だった、というのだから。こうなると、大気の影響がますます厳しいものとなる。地上でやるには厳しい実験、ということになってしまった。そこで登場したのが、大気を飛び出して観測を行ったCOBE衛星である。

第7章

COBE衛星による「世紀の大発見」

その存在が予想されてから、なかなか見つからなかった宇宙マイクロ波背景放射の温度ゆらぎだが、ついに見つかったのは、1992年のことであった。発見したのはCOBE衛星だ。大気の影響を受けない人工衛星によって初めて、わずかな温度ゆらぎが検出されたのである。

宇宙マイクロ波背景放射を測定する目的で1989年11月に打ち上げられたのがCOBE衛星（宇宙背景放射探査衛星）だ。打ち上げまで、紆余曲折があり、15年もの年月を費やした。そもそもNASAが小規模、ないし中規模の宇宙での観測計画を募集したのは1974年のことである。121件もの応募がある中で、まず選ばれたのは、初めて赤外線で空のすべての領域（全天）を探査するというIRAS衛星プロジェクトであった。しかし、同時に提案された宇宙マイクロ波背景放射に関する3件の計画が非常に優れていたために、NASAではさらなる衛星の打ち上げについての検討を行った。その結果、1976年には、この3つのプロジェクトをまとめるようにとの勧告がNASAから出され、翌年に、COBE衛星プロジェクトとして認められたのである。

NASAからプロジェクトとして認められたCOBEであったが、まず、先に採択されたIRAS衛星プロジェクトの進行を待たなければいけなかった。IRASは1983年1月に打ち上げられたが、COBEの建設が始まったのは、そちらのメドがついた1981年からである。さらに、当初はCOBE衛星はスペースシャトルに搭載して宇宙で放出されるはずであった。しかし、1986年に起きたスペースシャトル・チャレンジャー号の悲劇的な爆発事故のためにそれが取りやめとなり、デルタロケットによる打ち上げに変更されたのである。このことも、計画の

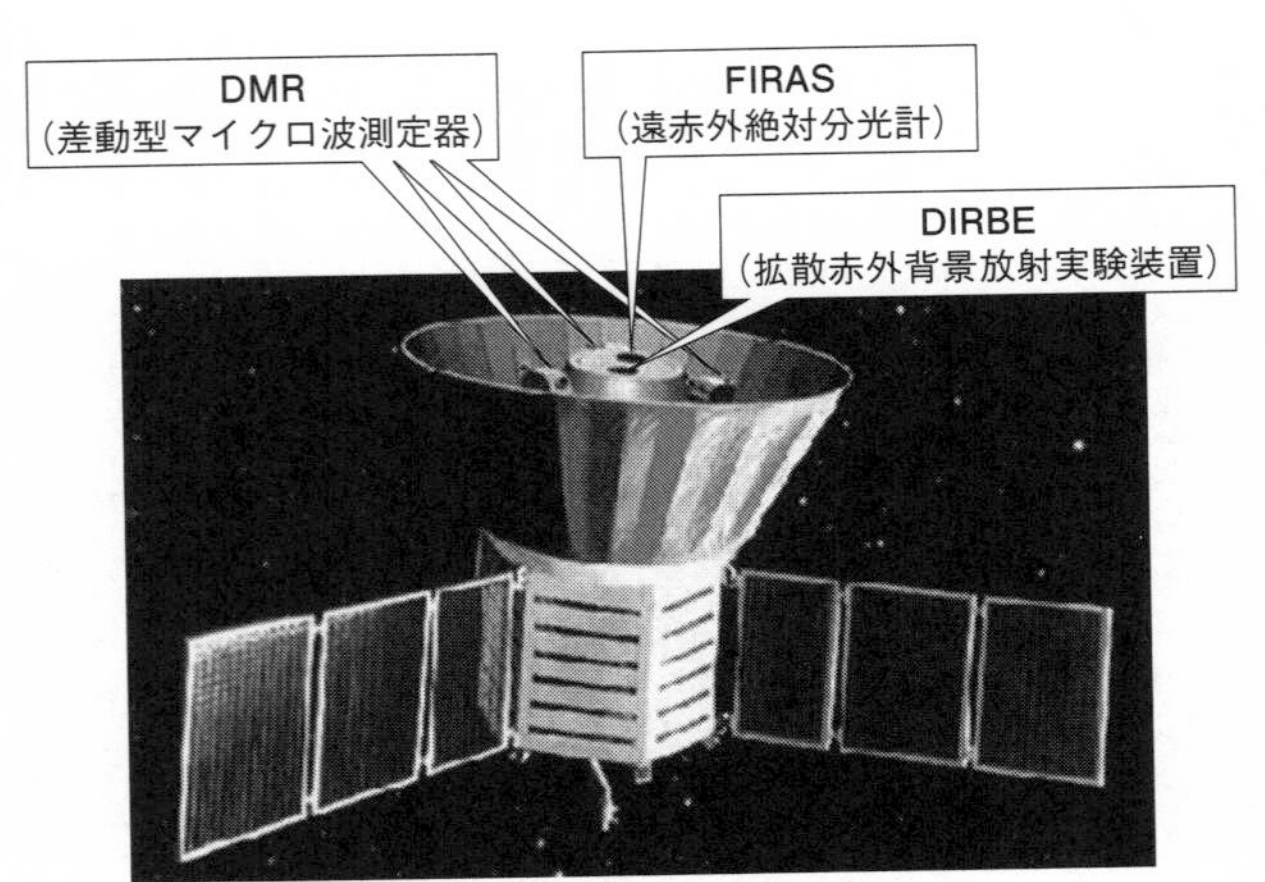

図7-1　COBE衛星（宇宙背景放射探査衛星）（NASA）

数年の遅れにつながった。結局、打ち上げを1989年まで待たなければならなかったのである。COBEにとって幸いだったのは、このとき、ライバルとなる同様のプロジェクトがほとんどなく、遅れが致命的とならなかったことであろう。後で触れるように、ロケットによる実験はCOBEの打ち上げ前に行われたが、衛星であるCOBEの敵ではなかった。COBEは、オンリーワンかつ、世界ナンバーワンの観測装置であったのだ。

COBE衛星（図7-1）は、先に述べたように、3つのプロジェクトを1つにまとめたものであり、プロジェクトそれぞれの検出器を搭載していた。これら3つのプロジェクトは、対象を同じ宇宙からくる背景放射としながらも、それぞれ異なったサイエンスの目的を有しており、目的を達成するための装置も異なったものであったのである。まず、ＦＩＲＡＳ（遠赤外絶対分光計）と呼ばれる装置は、宇宙マイクロ波背景放射の波長に対する強度分布の測定を行った。２つ目がＤＭＲ（差動型マイクロ波測定器）で、空の異なった方向からやってくる宇宙マイクロ波背景放射の強度の差、つまり温度の差を測定する装置だ。最後がＤＩＲＢＥ（拡散赤外背景放射実験装置）だ。これは電波ではなく、赤外線領域での背景放射を受けるための装置である。ＤＩＲＢＥは、ビッグバンからの放射ではなく、主に宇宙に漂うダストや銀河からの赤外線領域での放射を全天で測定することが目的で、世界初のすばらしいデータを得ることに成功した。しかし本書の主題とはズレるので、ここではこれ以上触れないこととする。以下では、ＦＩＲＡＳとＤＭＲについて、その目的、そして成果について詳しく見ていくこととする。

ＦＩＲＡＳの挑戦：宇宙マイクロ波背景放射は黒体か？

ＦＩＲＡＳが提案された理由は、地上の電波望遠鏡では、宇宙マイクロ波背景放射の波長に対する強度分布を短波長側まで精密に求めることが困難であったからである。ペンジアスとウィルソンの最初の観測は、波長７・３５㎝での電波強度測定であった（第3章57頁）。２人の発見の後、興味の焦点はこの電波が黒体放射であるかどうかに絞られた。

黒体放射は、よく混じり合った状態で実現する、と第4章で紹介した。これを熱平衡状態と呼ぶ。ビッグバンは、宇宙初期に光と電子、陽子などが混じり合い、熱平衡状態が実現していたものと考えられるのである。つまり、宇宙マイクロ波背景放射が黒体放射であることがビッグバンの存在の決定的証拠となるのだ。

黒体放射が従う波長に対する強度分布のことをプランク分布と呼ぶ（81頁図4-5）。第4章で述べたように、温度だけでその分布は決まる。温度が高ければ最大強度は短い波長になり、低ければ長い波長になる。また、最大強度の波長よりも短い波長領域では、短いほうに進むと急激に強度が弱まり、一方、長い波長方向には、比較的緩やかに減少していく。宇宙マイクロ波背景放射の強度はほぼ2㎜の波長で最大となる。プランク分布では、これより短い波長で、強度が急激に減少することが期待される。1㎜より短い波長をサブミリ波と呼ぶが、この波長帯は大気の吸収が強く、地上での観測は困難である。実際、COBE衛星が提案されたころは、2㎜以下の波長での強度は測定することができず、観測的にはこの強度よりは弱い、という上限値しかつけられていなかった。大気の吸収がない宇宙空間で、2㎜より短い波長でも宇宙マイクロ波背景放射がはたしてプランク分布に従っているのかを知るために提案されたのがFIRASなのである。

COBEが遅れている間に、人工衛星よりも短い時間しか観測できないが、もっと手軽かつ安価にできるロケット実験（大気圏外には出るが地球を周回しないですぐに落ちてくる）でサブミリ波帯での測定を行う、という計画が提案され、実行に移された。これまで誰も見たことのない波長で、宇宙マイクロ波背景放射が確かにプランク分布になっているかどうかだけを、クイックに調べよう、というわけである。

これはカリフォルニア大学バークレー校と名古屋大学の共同実験で、名古屋・バークレーロケット実験として知られる。1988年に発表されたその測定結果は、衝撃的なものであった。なんと、プランク分布よりも数倍も強い強度の放射が、これまで調べられていなかった短い波長の領域で見つかったというのである。黒体放射からズレているという結果は、ビッグバンに匹敵するような多量の熱が宇宙のどこからか供給されていることを意味する。この当時、筆者は大学院生だったが、大きな騒動になったことを鮮明に覚えている。この結果を説明することは、一筋縄ではいかない。ほかの研究者とともに、私も頭をひねるばかりであった。

いくつかの仮説が立てられ、検討された。たとえば、宇宙全体に存在するすべてのダークマターがかつて崩壊し、その際に出した光が見えている可能性、たとえば、宇宙全体で巨大な超新星の連鎖のような大爆発があった可能性、などである。しかし、どの仮説も、あまりもっともらしいとはいえず、研究者たちを納得させるものではなかった。中には、ビッグバンはやっぱり正しくなかった、定常宇宙論に戻ろう、などという主張もあり、大げさでなく、ビッグバン宇宙論の危機との声も出ていたくらいである。しかし、COBE衛星がこのあとすぐに打ち上がり、FI

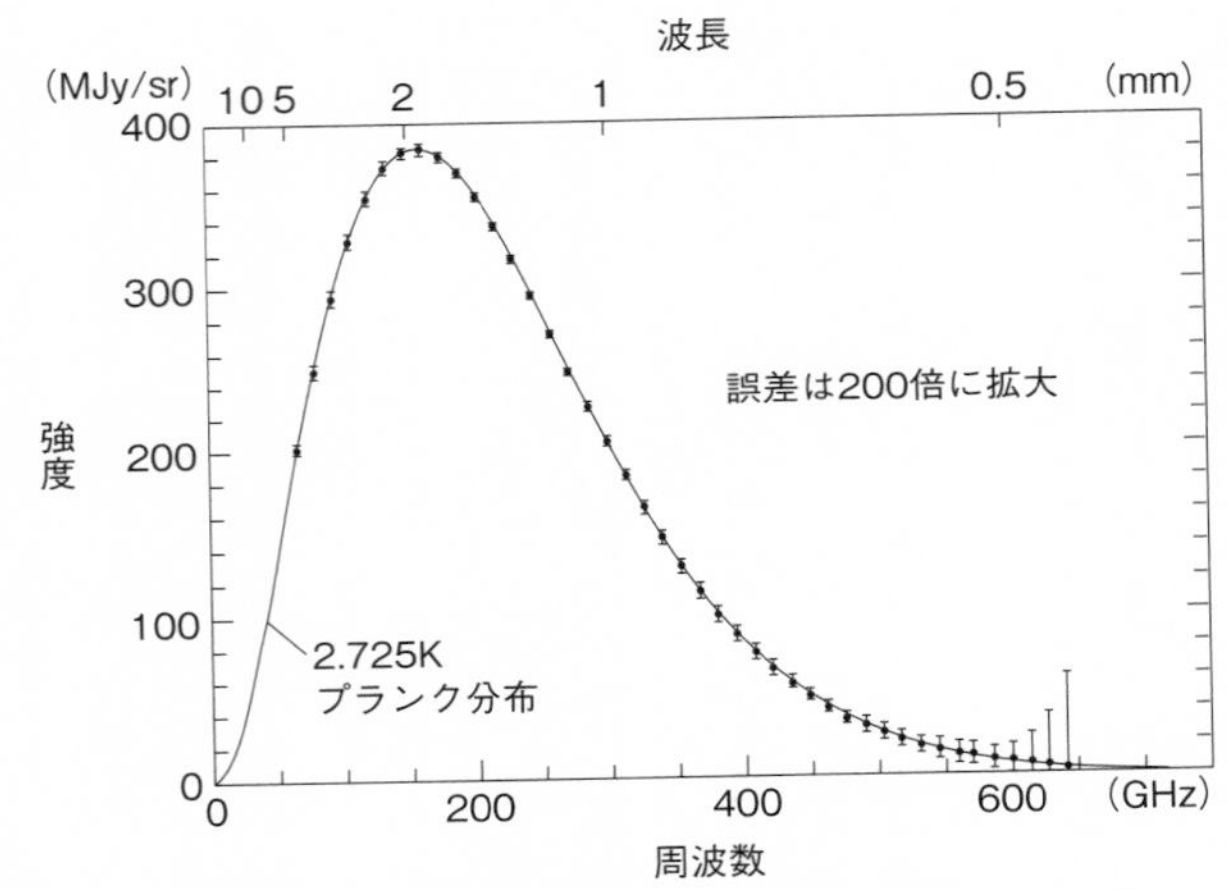

図7-2　COBE衛星のFIRASで測定した全天平均の光子スペクトル
縦軸の強度は電波天文学でよく使われる単位を使用。

RASが測定を開始することがわかっていたので、当時の研究者の大半は、まずは様子見を決め込んでいたと思う。もしこのとんでもない結果がFIRASによって確認されたらあらためて考えよう、というわけである。

COBE衛星が打ち上げられてまもなく、1990年にFIRASの最初の結果が論文にまとめられ発表された。宇宙マイクロ波背景放射の強度を波長、0・1㎜から10㎜の領域で0・5㎜刻みで測定したその結果は、プランク分布と完璧に一致したものであった（図7-2）。プランク分布からのズレはあったとしても最大でも1万分の1以下であった。また、宇宙マイクロ波背景放射の温度を2・725K（誤差0・

001K）と決定することにも成功した。

ＦＩＲＡＳの結果はビッグバン宇宙論の決定的な証明となった。宇宙が紛れもなく熱平衡、つまりビッグバンの状態にあったことが確実となったからだ。名古屋・バークレーロケット実験は誤っていたのだ。実験グループは自ら誤った理由を追及しなければならなかった。すでに終わって、論文発表も済ませている実験を再検証するのはつらい仕事だったに違いない。しかし、それが科学者としての責任である。最終的にわかった誤りの原因は、ロケットの熱放射を検出器が拾ってしまったとのことであった。

ＦＩＲＡＳの結果を受けて、多くの研究者は胸をなでおろした。一方で、血気盛んな大学院生だった筆者などは、心の中で「まあそうだよなあ。でも、謎が消えてしまって、つまらない……」とつぶやいたことを思い出す。理論研究者からすると、何か新しいこと、思ってもみなかったことが観測・実験からもたらされることが飯の種だからである。

ＦＩＲＡＳでは、観測装置周辺の熱放射が雑音となる。そこで、自らの熱放射が影響しないように、装置全体を液体ヘリウムの冷凍機によって１・５Ｋに冷却していた。冷却に使われるヘリウムは徐々に蒸発していくために、ＦＩＲＡＳはヘリウムがなくなった１９９０年９月にその運用を停止した。

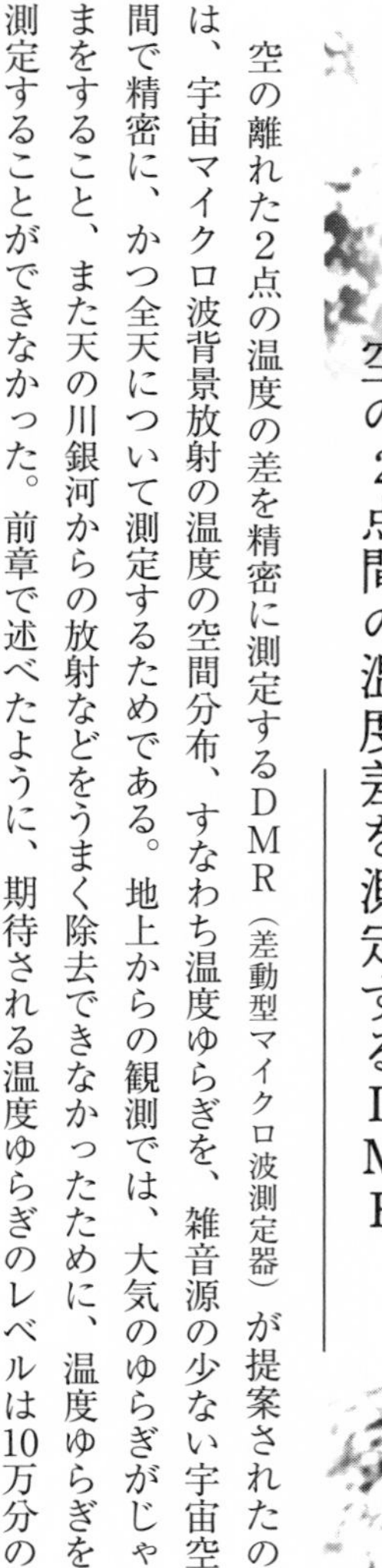

空の2点間の温度差を測定するDMR

空の離れた2点の温度の差を精密に測定するDMR（差動型マイクロ波測定器）が提案されたのは、宇宙マイクロ波背景放射の温度の空間分布、すなわち温度ゆらぎを、雑音源の少ない宇宙空間で精密に、かつ全天について測定するためである。地上からの観測では、大気のゆらぎがじゃまをすること、また天の川銀河からの放射などをうまく除去できなかったために、温度ゆらぎを測定することができなかった。前章で述べたように、期待される温度ゆらぎのレベルは10万分の1という、とてつもなく小さなもので、観測は困難を極めたのである。

筆者は、DMRの責任者であり、ノーベル物理学賞受賞者のジョージ・スムート本人に、どうしてDMRを提案したのか直接伺ったことがある。

スムートはもともと素粒子実験出身で、宇宙マイクロ波背景放射の実験をスタートさせる前は、気球で反物質を探す実験などを行っていたという。実験が一段落して、1年ほどじっくりと次に何をやるか、考える時間を取り、もともとビッグバンに興味を持っていた彼が「これだ」と思ったのが、宇宙マイクロ波背景放射の温度ゆらぎの測定だったという。そのときに相談に乗ってもらったのが、彼をカリフォルニア大学バークレー校に誘ってくれたルイス・アルヴァレツであったとのことだ。アルヴァレッツは液体水素泡箱を用いた実験でノーベル物理学賞を受賞しているが、それよりも、隕石による恐竜絶滅を最初に提唱したことのほうで有名かもしれない。スムートとアルヴァレッツは、ＤＭＲを組み立て、まずは、高高度を飛ぶＵ―２偵察機に搭載して実験を行い、ＮＡＳＡの衛星計画に応募したとのことである。

ここから学べる教訓が２つある。まず、新しいことを始めたければ、日常に流されず、じっくりと考える時間を取ること、そして、信頼できる人に相談をすることである。

DMRの責任者であり、ノーベル物理学賞受賞者のジョージ・スムート（左）と筆者

さて、ＤＭＲは２つの点で革新的であった。まず、空の異なった方向からやってくる宇宙マイクロ波背景放射の強度の差、つまり温度の差だけを高い精度で測定する装置であったことである。ＦＩＲＡＳのような絶対温度ではなく、角度にして60度異なった方向を向いている（図7-3）２つのアンテナが受ける電波強度の差だけを測定することで、きわめて高い精度での空の温度分布測定を可能に

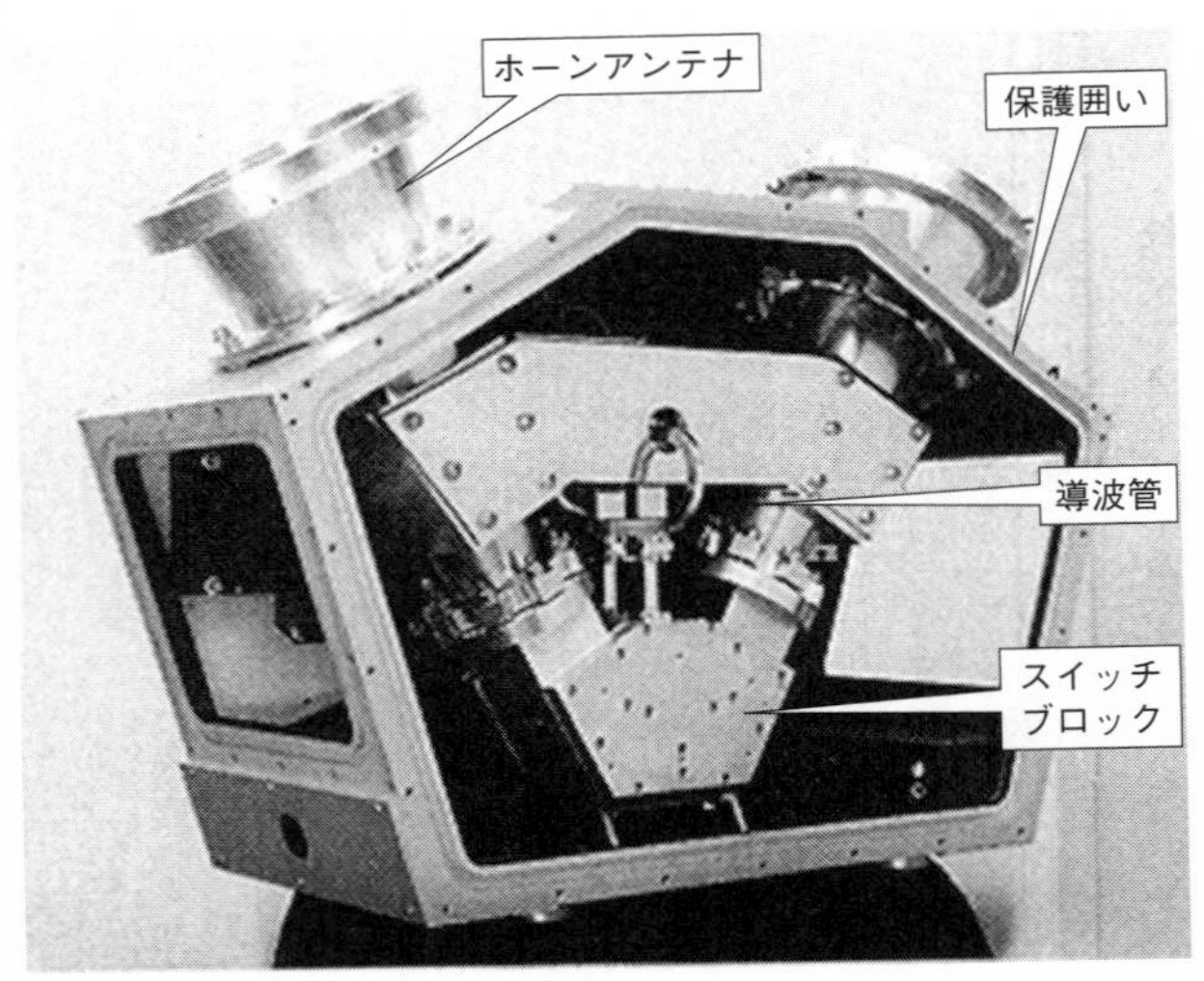

図7-3　DMRの9.6mm受信機（NASA）

したのである。地上観測ではこの方法は採用できない。60度離れてしまうと大気の影響が異なるので、差を取ってもその違いを見るだけになってしまうからである。

次に、9・6㎜、5・7㎜、3・3㎜という3つの波長で測定を行ったことである。これによって、天の川銀河の放射成分の影響を減らすことに成功した。天の川銀河が出している放射は、宇宙マイクロ波背景放射とは異なった波長依存性を持つからである。たとえば、宇宙空間に存在するダストからの放射は、短い波長のほうが強度が強い。一方、銀河系の中にある磁場の影響で放出される電波は、逆に波長が長いほうの強度が強くなる。３つの波長で測定することで、肝心の宇宙マイクロ波背景放射以外の成分を除去できるのだ。このうち、地上からでは、大気の吸収のため３・３㎜で温度ゆらぎを精密に測定することは困難である。衛星を打ち上げることで初めて可能となったのである。

温度ゆらぎの発見

ＤＭＲが温度ゆらぎを発見したのはプロローグにあるように、１９９２年のことである。そのゆらぎの程度は、予想されていたとおり、10万分の１ほどであった。正確には、空の各点が、乱雑に異なった温度を持っていて、その温度は、平均の温度に比べ、ごくわずか、０・０００３０±０・００００５Ｋだけのばらつきを持っている、というのである。この０・００００３０Ｋは、確かに２・７２５Ｋに対して、ほぼ10万分の１、より正確には、９万分の１のゆらぎ、ということになる。おおよそこの値程度の範囲で、温度の高いところもあれば低いところもあることを意味しているのである。存在が予想されながら長年見つかっていなかった温度ゆらぎが、ついに発見された瞬間である。しかもＤＭＲの発見は、それだけに留まらなかった。ゆらぎの空間パターンが、インフレーションが生み出すゆらぎとして予想されていたものとピタリと一致していたのである。

ここでゆらぎについて、改めて考えてみよう。ゆらぎとは平均値からのズレのことである。温度ゆらぎであれば、２・７２５Ｋが平均値であるが、空の温度を測定すると、おのおのの場所が平均値を中心にわずかに温度が高く、または低くなっているのである。

ＦＩＲＡＳで得られた平均値の精度は4桁なので、誤差が含まれるので、10万分の1のゆらぎというのは誤差に埋もれてしまう。２・７２５Ｋの最後の5には、誤差が含まれるのである。この4桁目は、すなわち1000分の1の桁にすぎない。そこに誤差が含まれているのに、どうして、０・００００３０Ｋというあと2桁も下の数字の違いを測定できるのだろうか。普通であれば、その答えは「ノー」だ。実際に、ＦＩＲＡＳでは温度ゆらぎを測定することはできなかった。温度に対して、6桁の測定精度を持っていないからである。

ＤＭＲが10万分の1のゆらぎを測定できた理由、それは、先にも述べたようにＤＭＲが空の2点の「温度の差」を精密に測定する装置だからだ。ＦＩＲＡＳのように、絶対値を測定するのではなく、相対的な差だけを測定することで、飛躍的に精度をあげることを可能としたのだ。

10万分の1のゆらぎの意味

繰り返しになるが、ＣＯＢＥでは、実際には、ＦＩＲＡＳによる温度の絶対値はたかだか4桁

でしか決まらないのに対して、ＤＭＲは差だけを測定することで、10万分の１のゆらぎを得ることができたわけだ。ここで、得られた０・０００３０±０・０００００５Ｋのゆらぎというものの意味についてもう少し詳しく見てみよう。

この値の±より後ろは、測定の誤差を表しているので、ひとまず置いておく。０・０００３０Ｋという値が意味することは、空の任意の点を取ってきたときに、その点での温度が、平均値の上下０・０００３０Ｋの間に入る確率が、68％ということを意味する。偏差値を求めるときなどに使われる正規分布の考えである。このばらつきを与える値、すなわち０・０００３０Ｋのことを標準偏差と呼ぶ。

宇宙マイクロ波背景放射の温度ゆらぎがどれだけ途方もなく小さいのか、身長を例にとってみるとわかりやすいかもしれない。日本人の20代男性の平均身長は１７１・５㎝、標準偏差は５・９㎝である（厚生労働省平成28年調べ）。この場合、ゆらぎは5.9÷171.5＝0.034、つまり３・４％ということになる。日本人男性の身長のゆらぎは１００分の3もあるのだ！

さて、正規分布の考え方では、１７１・５㎝から標準偏差の５・９㎝を引いた１６５・６㎝から、５・９㎝を加えた１７７・４㎝までの範囲に20代男性の68％が入るということになる。ここで、高校のクラスを思い出してほしい。20人の男子がいるクラスであれば68％は14人ほど、つまりクラスにはこれよりも背の高い生徒、低い生徒が６人ぐらいはいる、ということになる。３人が１６５・６㎝よりも背が低く、同じく３人が１７７・４㎝よりも高いというのである。さらに、標準偏差を2倍にするとその範囲に95%が入ることがわかっている。それは１５９・７㎝から１８３・３㎝になる。20人の95%、つまり１人を除いて全員この範囲に入るはずである。読者の皆さんの経験に合致するだろうか。

もし、日本人男性の身長のゆらぎが10万分の1しかない場合はどうだろうか。平均が１７１・５００㎝だとすると、標準偏差は０・００１７㎝、１７１・４９８㎝から１７１・５０２㎝の範囲に68%が入る、ということになる。わずかプラスマイナス０・００１７㎝の標準偏差は、髪の毛の太さの5分の1程度である。背を比べても、どの人も髪の毛１本の太さほどの違いもないのだ。10万分の1というゆらぎの小ささを少しは実感できただろうか。

全天の温度分布

ＤＭＲは10万分の1の大きさのゆらぎを検出した。ここで、ＣＯＢＥ衛星は全天を観測したことを思い出してほしい。ＤＭＲが得たのは、空全体の温度の凸凹の地図である。図7-4をご覧いただきたい。この図は、銀河系の円盤を赤道に置いた座標を採用した全天の温度分布である。空は地球儀を内側から見るのとちょうど同じようになっている。そのため、２次元の地図に表す

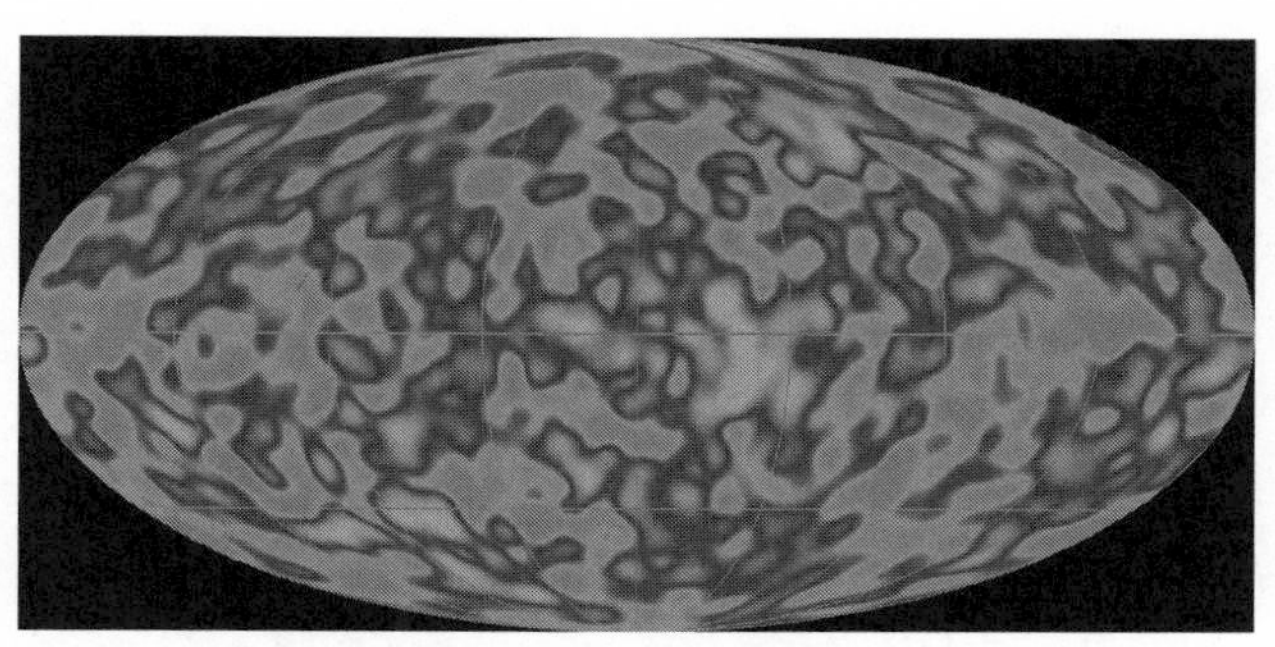

図7-4　COBE衛星が観測した全天の温度分布

と必ず歪みが生じる。ここで用いているのは、モルワイデ図法と呼ばれるものだ。空を楕円形にして、北極、南極に近い場所の形の歪みを小さくしてある。この図で右端と左端はつながっていることに注意されたい。

この温度分布を見ると、大きな構造もあれば、小さな構造もあることに気づく。また、全体にぼやけた印象を持たれるかもしれない。ＤＭＲの角度分解能は７度（これは半値幅と呼ばれる単位で、正規分布での値に換算すると３・０度）であったため、小さな構造を分解することができなかったのである。ちなみに、満月の見かけの大きさ（視直径）は０・５度である。満月14個分を並べた領域がぼやけてしまう、というのは相当なピンボケといえよう。

地球の運動によるドップラー効果

この地図の画像をもとに、ＤＭＲのチームは、構造のサイズごとに、どれだけゆらぎがあるのかを調べることにした。空を分割し、それをどんどんと細かくしていくのである。

測定したのが平均からのズレ、つまりゆらぎであったことを思い出してほしい。まず空全体でゆらぎの値を足してみる。すると当然その答えは0となる。これは何の情報も与えない。しかし、空を2つに分割してみると話は別である。たとえば、この地図の北半球と南半球でおのおのゆらぎを足してみる。するともし北のほうにわずかに温度の高い領域が集まっていれば、少しだけゆらぎが正の値をとることになる。その場合には、南は負の値のゆらぎ、ということになる。

ここで南北というのは、便宜上とったにすぎない。いろいろな方向について空を2つに分割することが可能である。地球を真っ二つに割るのに、赤道に沿ってでも、それに直交するような経度に沿ってでも良いのと同じである。赤道の場合には北半球と南半球に分かれる。経度に沿った場合では、たとえば、ヨーロッパ・アフリカと南北アメリカに分けることができるだろう。DMRチームは、2つが最も大きな違いを見せる方向を見つけ、違いを測定した。それが図7-5である。その値は、0・00365Kであった。これはゆらぎに直すと10万分の1どころか、1000分の1を超える非常に大きな値である。なぜ、こんな値が出てくるのだろうか。

じつは、温度ゆらぎの中でも、空を2つに割った成分というのは特別であり、ほかに比べて大きな値をとることが事前から予想されていたのである。実際、COBEよりも前に、この成分に

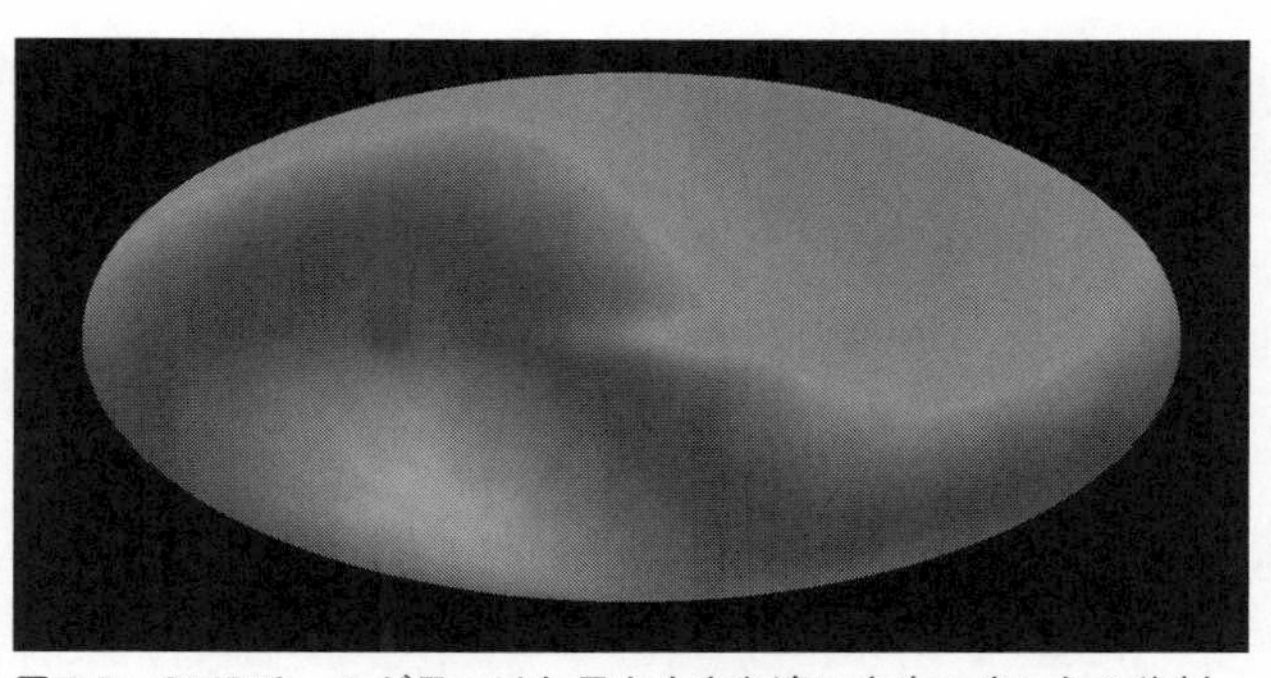

図7-5　DMRチームが見つけた最も大きな違いを生み出した２分割

ついては地上や気球からの実験で測定もされていた。

この、空を２分割したときに現れるゆらぎの起源は、太陽系が宇宙マイクロ波背景放射に対して運動していることから生じるドップラー効果なのである。第２章の赤方偏移のところでも説明したように、光にも音と同様に、ドップラー効果が生じる。運動する観測者が、光源に近づくと波長が短くなって色が青くなり、遠ざかると波長が長くなり赤くなる。空の２分割で見つかる温度ゆらぎはまさにこれである。宇宙マイクロ波背景放射に向かっていくと波長が短くなって高温に、遠ざかっていくと長くなって低温に見えるのだ。結局、地球の宇宙マイクロ波背景放射に対する運動がこのゆらぎの起源ということになる。

ある意味、あって当たり前のゆらぎであり、インフレーション起源とは、何の関係もないものである。そこで、図７-４ではこの成分ははぶいて示してあるのだ。

運動に起因するドップラー効果なので、その成分だけを消すことは容易なのである。

存在していて当たり前のゆらぎである一方で、宇宙マイクロ波背景放射に対する地球の運動が測定できること自体、非常に興味深いことである。まず、DMRは先の0・00365K以外に、1年周期で変動する温度ゆらぎの成分も見つけた。これは地球が太陽系を1周することによって生じる成分であり、このドップラー効果の大きさから見積もられた地球の速度は、地球の公転速度秒速30㎞にぴったり一致した。これは観測の正しさを示すとともに、じつは天文学の重要な概念を決定的に証明するものでもある。それは地動説である。

地動説といえば思い出すのは、ガリレオ・ガリレイであろう。神がおわす地球が宇宙の中心でなければならない、というカトリック教会の教えに逆らって地動説を発表したことで異端審問にかけられたガリレオ・ガリレイは、残りの生涯を軟禁され過ごすこととなった。このガリレオの裁判が誤りであったことをカトリック教会が認めたのは、1992年、彼の2回目の裁判からじつに359年が経っていた。

ガリレオは望遠鏡によって宇宙を初めて観測した人だ。彼は、自身で作成した望遠鏡を用いて、木星に4つの衛星（ガリレオ衛星）を見つけ、それが木星を周回していることを見いだした。このことは、すべての天体が地球を中心に回っているわけではないことを意味している。天動説にとって大きな反証となるのだ。また金星の満ち欠けを観測し、欠け方と見かけの大きさの関係から、欠けているときは、金星が太陽よりも地球の近くにあるときで、満ちるときは太陽の向こう側にいる、と考えれば説明がつくことに気づいた。これは、金星が太陽の周りを回っていることを意味する。これらのことから、太陽系の惑星が地球を含めて太陽の周りを回っていると考えたのである。地動説である。もちろんこれらは、今の目で見ても地動説の証拠として、ほぼ満足いくものであるといえよう。

しかし、あえて「屁理屈」のようなことをいうと、運動とは相対的なものであり、どちらがどちらの周りを回っているのか、というのは見方の違い、と強弁することも可能である。地球の周りを太陽がすべての惑星を引き連れて回っていると考えることも可能というわけだ。

この屁理屈に反論するには、相対的ではなく、絶対的な座標を与えるものが必要である。地球が止まっていたり、太陽が止まっていたりするのが相対的であったとしても、たとえば、銀河系はどうだろうか？　しかし、銀河系もまた、ほかの銀河に引っ張られ運動していることが知られている。何か、「止まっている」ものが必要なのだ。ＤＭＲが与えたのは、宇宙マイクロ波背景放射、という地球や太陽、そして銀河系とはまったく独立な座標である。宇宙マイクロ波背景放射に対して、どれだけ地球が動いているのか、太陽が動いているのか、そして銀河系が動いているのかを知ることができるのである。ドップラー効果からまずわかることは、宇宙マイクロ波背景放射に対して、地球は１年という周期で周回運動をしているということだ。宇宙マイクロ波背景放射が地球の周りを1年ぴったりで回る、ということはさすがに考えられないだろう。DMRの観測は、地動説の最終的な証明となったのである。

地球の公転成分を除いたドップラー効果が0・00336 5Kだ。この温度は、速度に換算することができる。2・725Kに対する0・00336 5Kが、毎秒30万kmという光速度に対する運動の速度に対応するからだ。互いの比が等しいと置くことで、運動の速度の値として秒速370・5kmを得る。

この地球の速度は、いくつかの運動が重なって生じていると考えられている。まず、太陽系が銀河系の中心に対して回転している運動である。太陽系は2億年強で銀河系を1周する。その速度は毎秒220kmである。次に、銀河系は、周囲の銀河集団の重心に向かって運動している。その銀河集団はまた、さらに大きな構造の一部として、運動をしている。DMRはドップラー効果の大きさから、その銀河集団の運動が秒速627kmであることを導き出したのである。

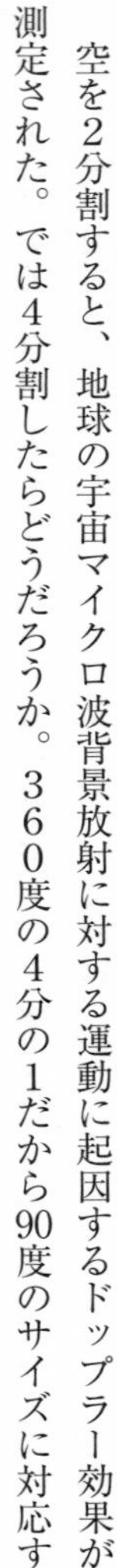

空の分割：多重極展開

空を2分割すると、地球の宇宙マイクロ波背景放射に対する運動に起因するドップラー効果が測定された。では4分割したらどうだろうか。360度の4分の1だから90度のサイズに対応するゆらぎを取り出すことができる。次は8分割、16分割といった具合に倍々で分割を細かくしていくと、それぞれに対応したサイズのゆらぎを取り出すことができる。この分割のことを多重極展開と呼び、その分割に応じ、ℓという数字を割り当てる。2分割はℓが1、4分割が2、8分割が3という具合だ。ここで$\ell=1$を双極子、2を四重極子と呼ぶ。

次に、多重極のℓと角度の関係を見ていこう。360度の2分割が$\ell=1$だった。つまり、360÷2＝180度が1に対応する。4分割つまり360÷4＝90度が$\ell=2$となる。このことから、ℓが大きくなれば、空での角度（空を見込む角度と呼ぶ）が反比例して小さくなることがわかる。空を見込む角度θとℓには、$\theta=180\div\ell$［度］の関係があるのである。ℓに1、2を代入すると、確かに、θが180度、90度となることがわかるだろう。

スケール・フリー：サイズによらず一定な温度ゆらぎ

DMRは、得られた温度のマップを分割・多重極展開し、ゆらぎの振幅の見込む角度に対する依存性を調べた。その結果得られたのは、ドップラー効果に対応する$\ell=1$を除けば、多重極ℓの値、すなわち見込む角度によらずゆらぎの大きさが平均的に10万分の1程度でほぼ一定である、という結果だ。この結果こそ、インフレーションが予想したものであった。

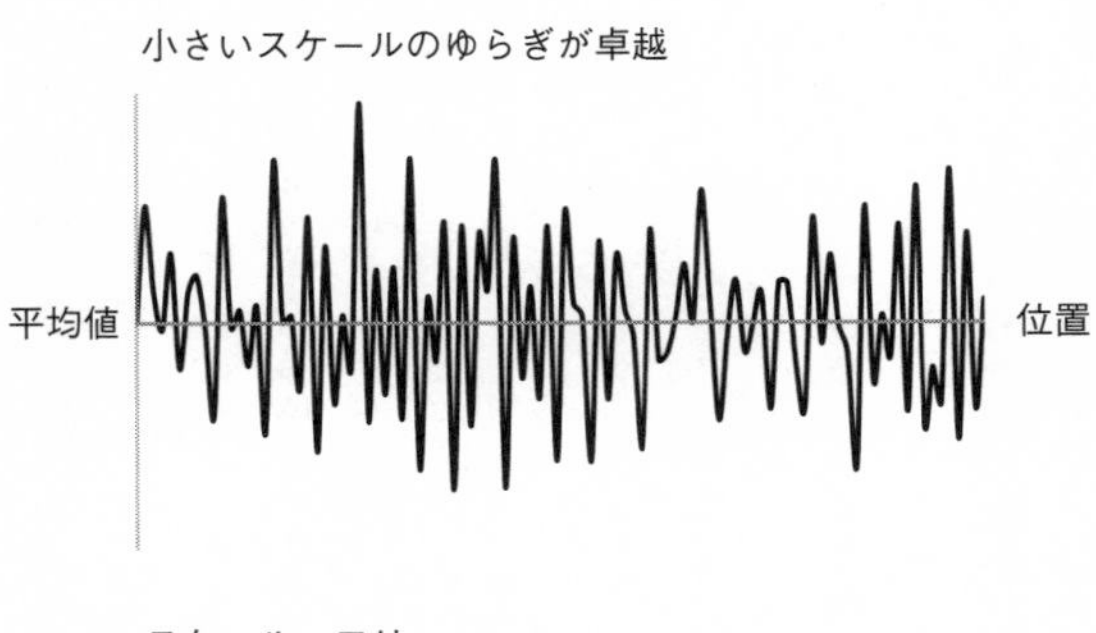

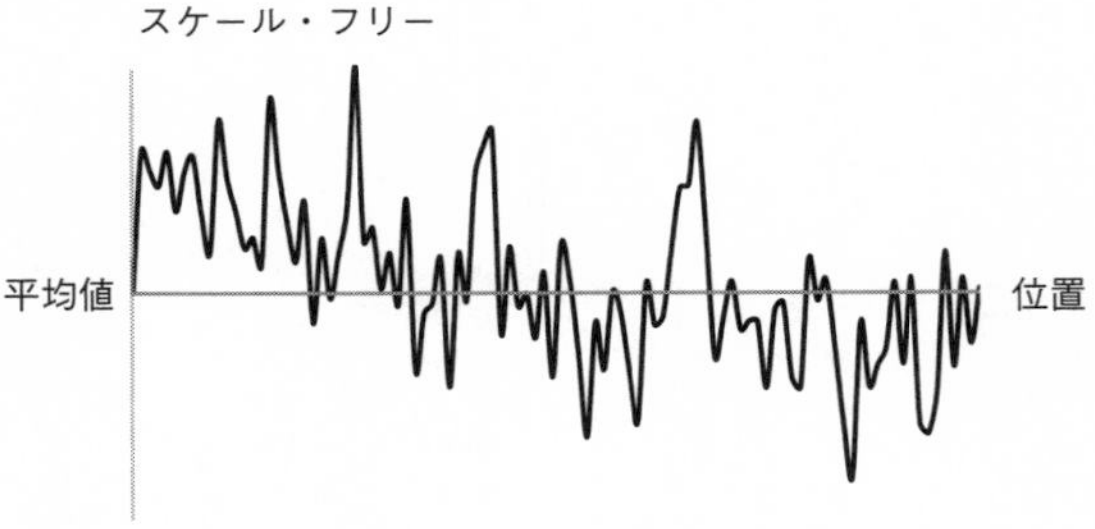

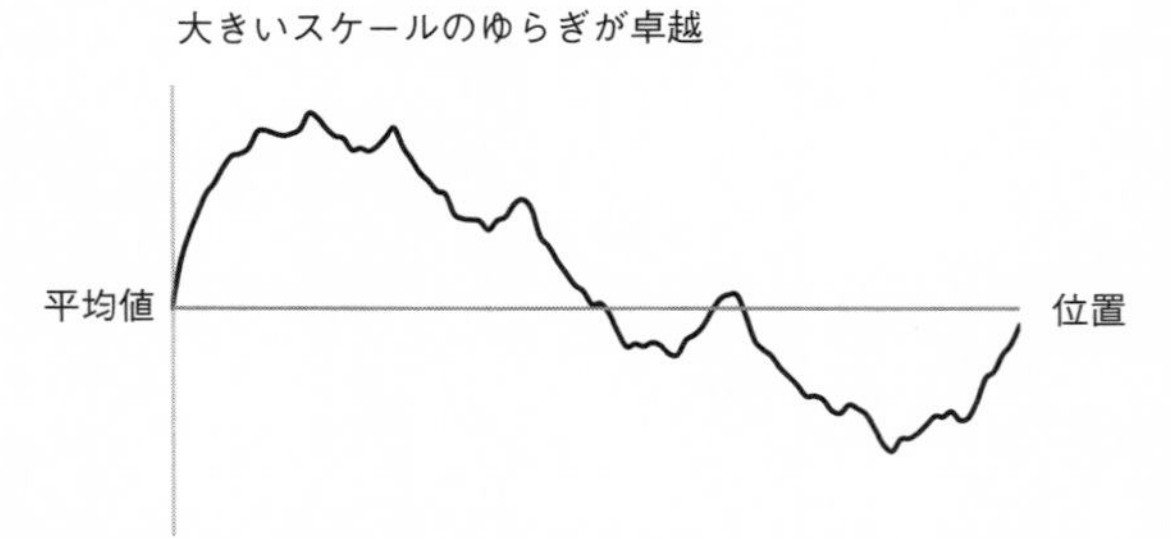

大きなサイズのゆらぎも小さなサイズのゆらぎも等量含まれているのが量子ゆらぎ起源のスケール・フリー。

図7-6　物質分布のゆらぎ

第6章で見たように、密度や温度のゆらぎの起源はインフレーションにあったと考えられる。そこでは、量子の世界の効果によって、真空さえもゆらぎ、その真空エネルギーのゆらぎが、場所ごとの膨張速度の違いを生み、密度や温度のゆらぎへとつながったのである。この量子の世界が生み出すゆらぎは、元来乱雑なものであり、サイズによらずその大きさが変わらない。特別なサイズ・スケール、といったものは量子の世界には存在しないからである。

以上より、インフレーション中に、量子の世界のゆらぎによって作り出された密度や温度のゆらぎは、どのサイズでも同じ程度ゆらいでいる、という結論が得られる。これをスケール・フリーなゆらぎと呼ぶ。図7-6には、スケール・フリーのゆらぎの場合と、それとの比較のため、小さいスケール、大きいスケールのゆらぎがおのおの卓越する場合を示した。スケール・フリーだと、大小のスケールのゆらぎが混じり合っているのがわかるだろう。

さて、インフレーションで生み出されたスケール・フリーなゆらぎは、いったんその莫大な膨張により、地平線を越えて引き伸ばされる。地平線よりも引き伸ばされたゆらぎは、そのまま凍結される。なぜなら地平線が物理的な影響を及ぼすことができる限界であり、いかなる物理過程も地平線を越えては働かないからである。

インフレーションが終わると、宇宙の地平線は時々刻々と広がっていく。小さかった地平線が拡大していくことから、小さいスケールのゆらぎから順に地平線の中に入っていくことになる。

このとき、スケール・フリーであることから、いつの時点でも、どのスケールのゆらぎであっても、その大きさは同じ、ということになる。しかし、いったん地平線の中に入れば、ゆらぎは物理法則に従って変化していく。たとえば、物質のゆらぎは自己重力不安定性によって成長する。スケールごとに異なったゆらぎの大きさになっていくのである。

さて、それではDMRが観測したゆらぎとは、どのスケールだったのだろうか。DMRは角度分解能が7度というピンボケであることは先に述べた。全天から多重極で分割していっても、この7度のスケールまでで打ち止めである。これ以上細かい構造は分解できないのだ。

さて、宇宙マイクロ波背景放射で見ているのは、宇宙の晴れ上がり、宇宙の誕生から38万年の時代であることを思い出してもらいたい。

この時代の宇宙の地平線は38万光年である。これは空の上で、角度にして2度ほどを占めるにすぎない。DMRの角度分解能の7度よりもはるかに小さい角度である。つまりDMRで見ているゆらぎは、その時代の地平線よりもはるかに大きなスケールの構造だけ、ということになる(図7-7)。

地平線よりも大きなところにあるゆらぎは、インフレーションで作られたまま凍結されているはずである。地平線の中にまだ入ってきていないので、重力での成長がスタートしていないからである。結局、DMRで観測したゆらぎは、インフレーションが生み出したままのゆらぎ、とい

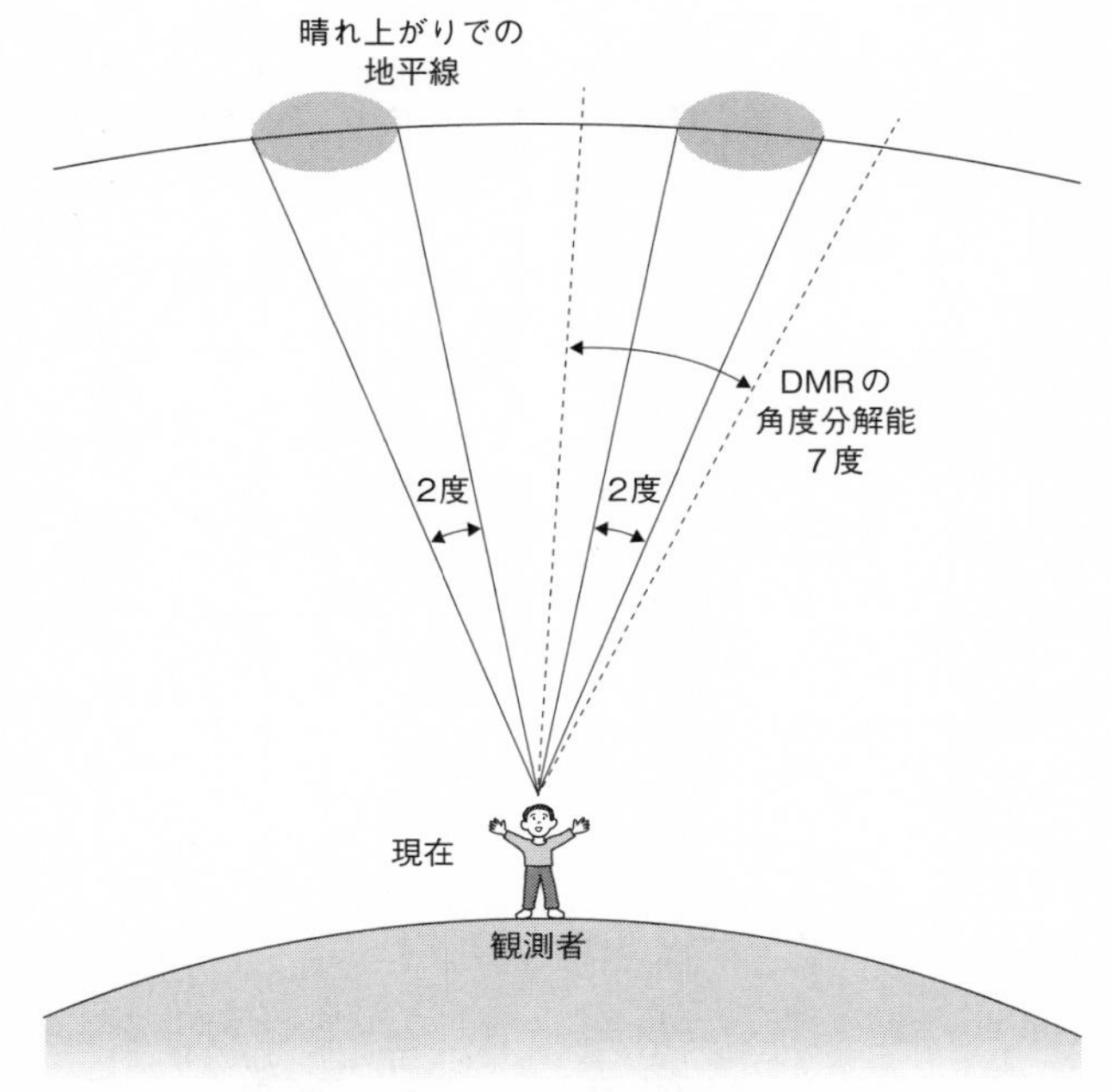

図7-7　COBE衛星のDMRは、角度分解能が7度しかない。そのため、宇宙の晴れ上がりでの地平線を見込む角、2度よりも、はるかに大きなスケールの構造しか観測することができない

うことになる。

改めて、DMRが観測したゆらぎを見てみよう。得られた温度ゆらぎを多重極展開して、見込む角度ごとに調べてやる。その結果は、ほぼ角度によらずゆらぎの大きさが10万分の1程度で一定というものであった。これはまさにインフレーションが期待するスケール・フリーのゆらぎである。宇宙誕生後10^{-36}秒のころのインフレーションの証拠が38万年の時代の温度ゆらぎに残されていたのである。このゆらぎがその後138億年を経て、銀河や銀河団、そして宇宙大規模構造へと育っていった。DMRの見つけた温度ゆらぎこそ、インフレーションと現在を結ぶミッシングリンクであったのだ。

COBE衛星の成果は画期的であった。FIRASの黒体放射であることの確認はビッグバンの存在の最終的な証拠となり、DMRの温度ゆらぎの発見はインフレーションの証拠となったのだ。COBEチーム全体およびFIRASの責任者であったジョン・マザーとDMRの責任者であったジョージ・スムートが2006年のノーベル物理学賞を受賞したのは当然のことといえよう。

人間的な、あまりに人間的な

COBEがすばらしい業績をあげたことについて、異論のある研究者はいない。しかし、マザーとスムートの二人がノーベル賞を受賞してめでたくハッピーエンド、と単純にはいかなかった。DMRが温度ゆらぎを発見したときに、チーム内で大きな内紛が生じてしまったのである。

DMRの発見が、「ノーベル賞もの」であることは、誰の目にも明らかだった。当然、COBEチームのメンバーにとってもそうであっただろう。それだけに、「誰の成果か」が問題となった。スムートにとっては、自分が提案した実験であり、自分の業績と思ったであろうことは想像に難くない。一方、COBEチームにとっては、チームとしての業績、という点は譲れないところであった。

DMRの成果の発表の機会が決定的であった。米国物理学会の最終日、4日目にチームとして、ゆらぎの発見を大々的に発表することとなっていた。しかし、スムートは、学会の数日前に、バークレーでプレス・リリースを行い、さらに、学会初日に、自分の講演で結果を発表したうえで記者会見をしようとしたのである。

結局、学会での発表は差し止められたが、バークレーの記事は、チームとしての発表の前に出回ることとなった。チームの発表の席上でも、スムートは、すべて自分がやったような言い方をして、チームメンバーの反感を買った。また、記者会見において、発見の意義を質問され、言葉に窮して、「もしあなたがキリスト教徒なら、これは神を見るようなものです」と答えたのも、不評であった。「神」を持ち出すのはいかがなものか、というわけである。また、センセーションを巻き起こした発表の後ほどなくして、サイエンスライターとスムートの本が出版されることが明らかになったことも、チームメンバーにとってはショッキングな出来事であった。スタンドプレーが過ぎる、というわけである。ちなみにこの本が出版されたときは、すごかった。バークレーに当時いた筆者も、非常に驚いたのを鮮明に覚えている。書店の一角が、スムートの顔で埋め尽くされたのだから。

これらの経緯は、COBEチームの責任者であり、ノーベル賞の共同受賞者でもあるマザーの著書『the very first light』に詳しい。逆の立場からは、COBEチームのほかのメンバーが、注目を一身に集めるスムートに嫉妬をしている、という構図にも見える。このマザーの著書に、スムートが自身の本の契約でどれだけの金額を約束されたのかまで書かれているが、はたしてそこまで書く必要があっただろうか。

このようなドタバタの裏話は、通常は表には出てこない。COBEチームの中にも、恥ずかしいのでできるだけ表沙汰にしたくない、という空気があったそうである。実際、スムートを解任すべき、という声もあったものの、結局チームは彼をDMRの責任者として残すことを選んだ。ではなぜ研究成果の発表から4年が経った1996年になって、マザーがその著書の中でこのような内幕を明らかにしたのか、その理由は筆者にはわからない。しかし、残念なことだが、科学の世界は、けっして一般の人が想像するような研究一筋の美しいものではない。サイエンスといえども、人がやることだ。そこには、きわめて人間的なストーリーがあり、エゴや嫉妬も渦巻いているのである。

第8章

宇宙論「黄金時代」

さて、ここで宇宙マイクロ波背景放射から少し離れて、温度ゆらぎが発見された前後、宇宙論黄金時代ともいえる20世紀終盤から21世紀にかけての宇宙論研究の進展について見ていくことと

しよう。

この時期、宇宙論研究は爆発的に進むこととなる。その契機となったのが、観測技術、観測手段の飛躍的発展である。宇宙論を研究するためには、遠方の天体を観測する必要がある。そのことによって、宇宙全体の構造を知り、そして過去の宇宙の情報を得ることができるからである。

天体が出す光が私たちまで到達するのには、時間がかかる。天文観測では、その時間分だけ過去の天体を見ることになるのだ。たとえば、太陽の光は地球に届くまで8分19秒ほどかかる。私たちが見るのは、8分19秒前の太陽の姿なのである。冬の空に青白く輝くおおいぬ座のシリウスまでは8・6光年ある。今現在目にするのは8・6年前の姿だ。1億光年彼方の銀河であれば、1億年前の姿、ということになる。遠方の天体を見ることは、過去の宇宙を見ることにほかならない。宇宙138億年の歴史を、遡っていくことができるのだ。宇宙には過去を見るタイムマシンが存在しているのである。

観測の進展が支える宇宙論研究

しかし、このタイムマシンを利用するには、一つ条件がある。遠方の天体、すなわちとても暗くてかすかにしか輝いていない天体を観測しなければならないのである。そのために必要な２つ

の条件が20世紀終盤になって整ってきた。それは、かすかな光を集めるための巨大な鏡を持った望遠鏡と、その光を捕捉するＣＣＤと呼ばれる検出器である。

　巨大な口径の望遠鏡建設は、容易なことではなかった。鏡自体が大きく、そして重くなりすぎるからである。望遠鏡は空とともに動いていかないと、長時間天体を観測できない。重すぎる鏡は、支えることはもとより、ましてや駆動することは非常に困難である。薄い軽量な鏡の開発が必要な技術の一つであった。また、姿勢を変えたときに起きる、鏡の自重による歪みをコントロールするための能動光学と呼ばれる技術も必須のものだ。１枚の主鏡でこれを実現したのが、口径８・２ｍのすばる望遠鏡である。一方、米国のケック望遠鏡は別の手段をとった。鏡を小さく分割し、組み合わせることで10ｍ口径を実現したのである。小さいといっても、直径１・６ｍの六角形の鏡を36枚組み合わせている。これら８～10ｍクラスの口径を持った望遠鏡が、１９９０年代になって競って建設されるようになった。現在では、10台を超える巨大望遠鏡が世界中で稼働している。

　ＣＣＤは、デジカメなどで使われる技術であり、光を電子に変えて半導体の中で電気信号に変えて読み出す装置だ。かすかな光にも反応し、また画像はデジタルデータとして処理されるために、かつての写真に比べ保存や利用が簡単である。そのため、天文学では早くから使われるようになった。現在では熱による雑音を防ぐために、冷却して使用されている。

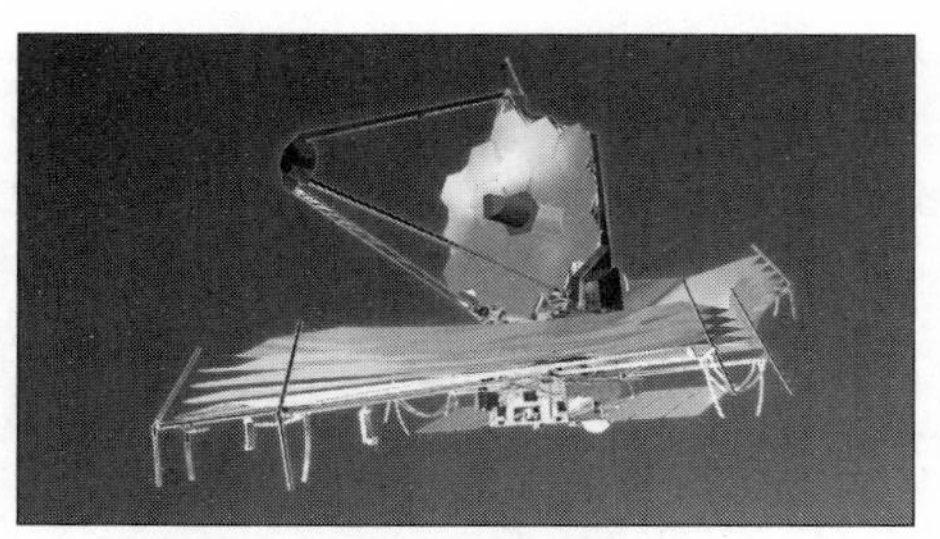

ジェームズ・ウェッブ宇宙望遠鏡

　また、宇宙論観測のためには、観測場所も問題となってくる。大気のゆらぎが大きい場所では、像がぼやけてしまい、精緻な観測ができないからである。そのため、巨大望遠鏡は水蒸気が少なく大気の安定した高地に建設されている。たとえば標高４２００ｍのハワイ島マウナケア山頂には、すばる望遠鏡、２台のケック望遠鏡、さらにジェミニ望遠鏡、計４台の８ｍ以上の口径を持った望遠鏡が稼働している。南米チリやスペイン領カナリア諸島なども観測の好地として知られる。

　大気のゆらぎの問題を避けるための究極の観測場所は宇宙へ行くことである。そこで１９９０年に打ち上げられたのがハッブル宇宙望遠鏡だ。主鏡の口径は２・４ｍと地上の巨大望遠鏡には及ばないものの、他の追随を許さない鮮明で美しい画像をもたらすことに成功した。ハッブル宇宙望遠鏡の後継として、２０２１年に打ち上げが予定されているジェームズ・ウェッブ宇宙望遠鏡は、18枚の分割鏡で６・５ｍの口径を実現する。

多波長天文学

ここまで見てきたのは、可視光による観測である。宇宙マイクロ波背景放射が電波のみで測定されるように、宇宙はさまざまな波長で観測することで、初めてその多様な姿を現す。宇宙論、そして宇宙の理解には、可視光以外も含め多波長での観測が必須となるのだ。

近年、可視光以外の波長での観測が非常に盛んになってきている。そこでの観測も、状況は可視光の場合と似ている。かすかな光を集めるために大きな口径の望遠鏡を建設し、地上から高地、そして宇宙へと観測場所を移していったのである。可視光と異なるのは、高地、ないしは宇宙へ出ることが必須な波長域があることだ。

たとえば紫外線は、可視光より波長が短く、大気と衝突割合が大きい。紫外線のうちでも波長が長いものは地表に届くが、短いものは上層大気にあるオゾンと、さらに短いものについては酸素や窒素分子と衝突するために、地表まで届かない。人体にダメージの大きい、波長の短い紫外線が大気を透過しないのは人類にとっては幸いである。フロンガスによってオゾンホールが広がると、そこを本来地表には到達できないはずの波長の紫外線が透過してくるため、皮膚がんなどを引き起こす。フロンの使用を禁止したおかげで、着実にオゾンホールは縮んでいるとのこと、何よりである。しかし、大気を透過しない、ということは、天文学者にとってはその波長では地表においては観測できない、ということを意味する。

紫外線のみならずそれより波長の短いＸ線やガンマ線も大気を透過しない。窒素や酸素原子と衝突し電子をたたき出すことでエネルギーを失う過程を繰り返すからである。そのため、紫外線やＸ線、ガンマ線で宇宙を見るためには、宇宙に出ることが必須となる。たとえば、ハッブル宇宙望遠鏡は紫外線で観測する能力も備えている。Ｘ線については、これまで専用の望遠鏡が日米欧で競って打ち上げられてきた。

近年では、米国のチャンドラＸ線天文台、ヨーロッパのＸＭＭ－ニュートン衛星が１９９９年に相次いで打ち上げられた。日本はこの分野では長い伝統を誇り、先の２つの衛星よりは小型であるものの、１９９３年にはあすか衛星、２００５年にはすざく衛星と、目的を絞った衛星を次々と打ち上げてきた。２０１６年に打ち上げられたひとみ衛星は、これまでの米欧の衛星には搭載されていなかった詳細なエネルギーの違いを測定できる装置を搭載しており、大きな期待をかけられたが、打ち上げ後まもなく不具合により使命を終えたことは残念であった。２０２１年度打ち上げを目指し、代替となる衛星の建設が進められている。期待したい。

ガンマ線の望遠鏡は、Ｘ線に比べても大型のものにならざるを得ない。それは、天体から出される光子の数が、ガンマ線でははけた違いに少ないために、装置が大きくないと捉えられないからである。1991年には17トンもの重量のある大型ガンマ線望遠鏡であるコンプトンガンマ線観測衛星が打ち上げられ、続いて2008年にはフェルミガンマ線宇宙望遠鏡が打ち上げられた。

ガンマ線の中でも、エネルギーが特に高い領域で観測したい場合には、光子の数がさらに少なくなるために、必要な装置が大きくなりすぎ、宇宙に持っていくことができない。そこで、間接的ではあるが、地球自身をターゲットに使う観測が考案されている。高エネルギーのガンマ線が地球大気と衝突すると、電子やミュー粒子、それらの反粒子などを連鎖的に大量に生成する。空気シャワーと呼ばれる現象である。これら電荷を持った粒子は、高速で走るとチェレンコフ光と呼ばれる可視光を放出する。高エネルギーガンマ線は、そのエネルギーが高いほど、二次的に作り出す粒子の速度も速くなる。そのため、チェレンコフ光の量も多くなる。チェレンコフ光の多さ、広がり方によって、元のガンマ線のエネルギーを決められることから、地上に大口径の可視光望遠鏡を複数台展開して観測するプロジェクトが進められている。ただし、大口径といっても、すばる望遠鏡のようなきれいな像を撮る必要はないので、鏡面の滑らかさはさほど必要がなく、一台一台は比較的安価に作ることが可能だ。2002年から運用を始めたHESS望遠鏡は、アフリカのナミビアに設置され、5台の望遠鏡群で構成されている。現在、カナリア諸島とチリにCTA（チェレンコフ望遠鏡アレイ）と呼ばれる新たな望遠鏡群が建設されており、2020年代での活躍が期待される。

可視光より波長の長いほうでも、赤外線のほとんどの波長と、電波でも１㎜よりも短い波長では、水蒸気など大気による吸収が強いために、地上で観測することは困難である。すでに紹介済みだが、最初の全天探査を赤外線で行い、赤外線の地図を作成した天文衛星が、１９８３年に打ち上げられたＩＲＡＳだ。その後、２００３年に打ち上げられたのが、スピッツァー宇宙望遠鏡である。この衛星によって、可視光で見通すことが難しい天の川銀河の中心方向の姿を見ることが可能となった（58頁図3-1上図）。２００６年に打ち上げられた日本のあかり衛星は、ＩＲＡＳよりも長い波長で、全天の地図を作成した。

赤外線よりも波長の長い電波では、基本的には地上で観測が可能である。しかし、その中でも、赤外線に隣り合った電波でも波長の短いミリ波、サブミリ波の領域では、地表付近での観測はできない。そのため、ＣＯＢＥ衛星のように宇宙へ行ったり、ＡＬＭＡ望遠鏡のように66台の電波望遠鏡群をチリ・アタカマ砂漠の５０００ｍの高地に設置するなど、大気の影響を避けた観測が進んできている。

サーベイ天文学の爆発的進展

観測手法にも、大きな進展が見られた。サーベイ（探査）と呼ばれる、空の広い領域の天体を

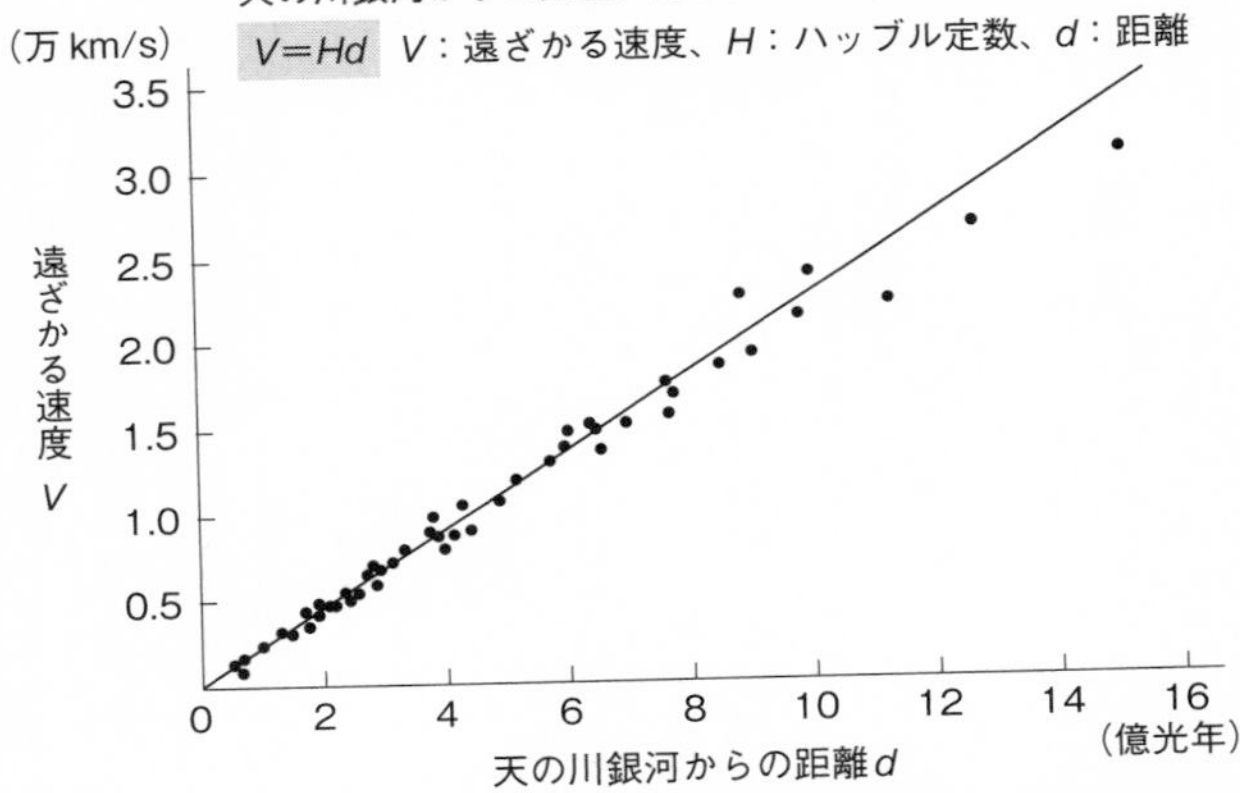

図2-5　天の川銀河から遠方の銀河までの距離と後退速度の観測（再掲）

しらみつぶしに調べる手法によって、大規模な宇宙の地図が作られるようになってきたのである。可視光で多数の銀河の赤方偏移を測定したのが２ｄＦ銀河赤方偏移サーベイと、スローン・デジタル・スカイ・サーベイ（ＳＤＳＳ）だ。宇宙の膨張を表すハッブル-ルメートルの法則（第２章39頁参照）を思い出してほしい。膨張宇宙では、距離と後退速度、すなわち赤方偏移の間には比例関係がある。その比例定数であるハッブル定数を知っていれば、赤方偏移を測定することで、距離が決定できるのである。分光観測によって、赤方偏移を決定していけば、銀河までの距離が求まり、宇宙の地図が出来上がる、という寸法である。

２ｄＦで用いた望遠鏡の口径は３・９

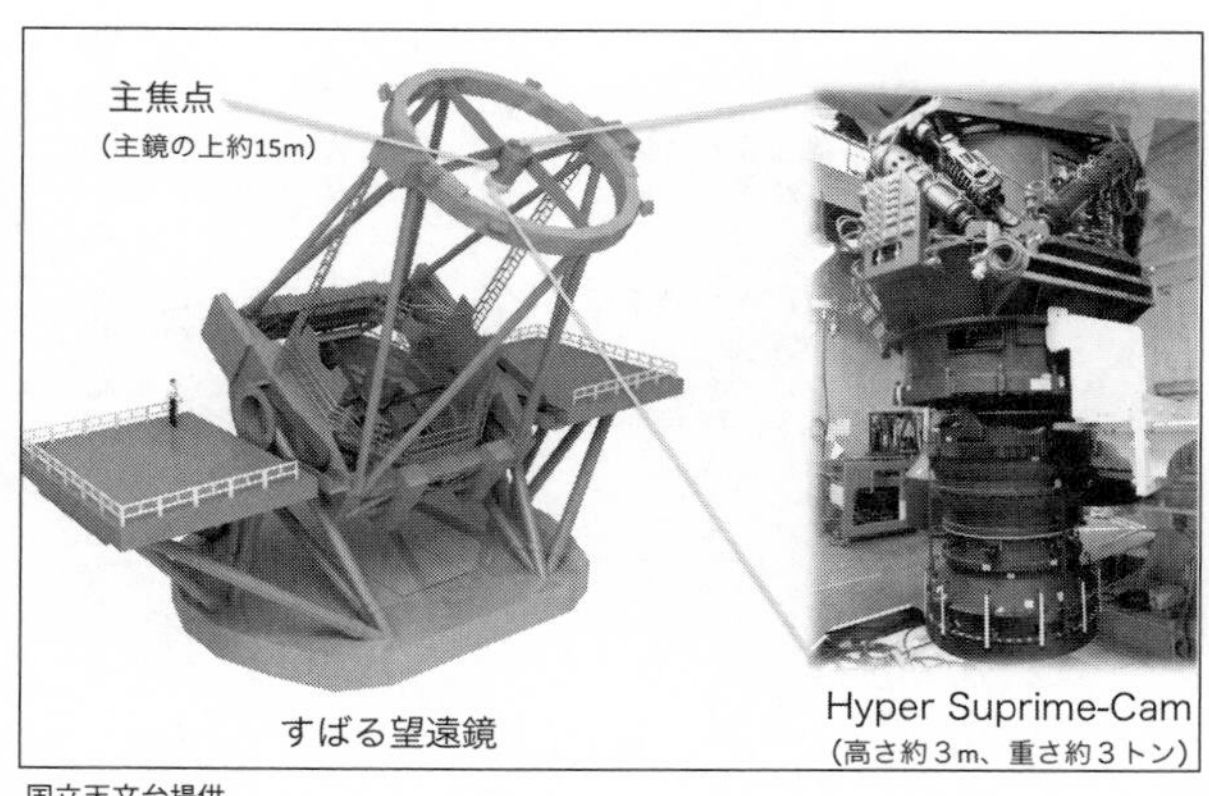

国立天文台提供

ｍ、ＳＤＳＳは２・５ｍと、巨大望遠鏡に比べればけっしてその口径は大きくはない。しかし、望遠鏡を完全に専用として使用できる強みを生かし、２ｄＦは１９９７年から２００２年にかけて23万個の銀河の赤方偏移を測定し、ＳＤＳＳは、２０００年から始まりすでに４００万以上の銀河の赤方偏移を測定している。

２ｄＦ、そしてＳＤＳＳは、非常に広い範囲での銀河の探査を行ってきた。しかし、一方で、その口径の小ささから、比較的近くの銀河に限られている。さらに遠方の銀河の地図作りには、すばる望遠鏡のような、８ｍから10ｍ口径クラスの巨大望遠鏡による探査が必須となる。

これまでは巨大望遠鏡をサーベイに占有する、という使い方がなかなかできなかった。ほかの多くのプロジェクトを犠牲にしなければならないことのほかに、巨大望遠鏡の視野の狭さがネックとなっていた。いっぺんに観測できる領域が限られているために、サーベイをしようとすると、ものすごく多くの観測時間を投入しなければならないのである。その困難を解決し、巨大望遠鏡で初のサーベイを実現すべく、2012年にすばる望遠鏡に取り付けられたのが、超広視野主焦点カメラ、ハイパー・シュプリーム・カム（HSC、183頁写真）だ。満月9個分の領域をいっぺんに撮影できるこのカメラの登場によって（巨大望遠鏡でのこれ以前の最大が、同じくすばる望遠鏡に設置されたシュプリーム・カムであり、満月1個分）、巨大望遠鏡によるサーベイの時代が到来したといえる。すばる望遠鏡には、2021年までに、赤方偏移を測定するためのスペクトルグラフ（分光器）を搭載する予定となっており、いよいよ宇宙地図が深宇宙まで延びていくこととなる。

可視光領域でのサーベイをここでは紹介したが、ほかの波長でも着実に進められている。電波の領域で初の全天サーベイを行ったのが、まさにCOBE衛星であり、赤外線、X線、そしてガンマ線でも全天のサーベイが行われ、さらにシャープ（高い角度分解能）で、高い感度を持った観測装置が続々と投入されている。宇宙論で必要となる宇宙全体についての理解には、広い範囲の宇宙をくまなく調べるサーベイが必須なのだ。

これら新たな観測装置、手段によって明らかになった宇宙の姿のいくつかについて、次に紹介する。

宇宙膨張加速の発見とダークエネルギー

ハッブル、ルメートルによる宇宙膨張の発見以来、はたしてその膨張が時々刻々と遅くなっているのか、それとも速くなっているのかが興味の的となってきた。アインシュタインの一般相対性理論によれば、宇宙に存在する物質が生み出す重力は、必ず空間を縮める方向に影響を及ぼす。重力は引力としてしか働かないからである。アインシュタイン自身、宇宙論の研究を通じてこのことに気がついている。当時は、宇宙が膨張していることはまだ知られていなかった。アインシュタインは宇宙が静的なものである、という信念を持って、自身の重力の方程式を解いたところ、思わぬ困難に直面したのだ。１９１７年に書かれた論文の中で、重力の及ぼす引力によって空間が収縮してしまうために、宇宙を静的に保っておくことができない、ということをみずから指摘しているのである。

静的な宇宙が実現できないと知ったアインシュタインは、サイエンスにおいては禁じ手とも思える手段に出る。信念に合わせるために、方程式を改変したのである。アインシュタインは、斥力として宇宙を膨張する方向に働く力を生み出す特別な項、宇宙項を導入したのだ。宇宙項による斥力が重力が及ぼす引力と釣り合い、宇宙の空間が静止していられる、というわけだ。

もちろん観測事実と理論が合わなければ、理論を疑うのは当然であろう。しかし、アインシュタインの時代にはまだ観測が進んでおらず、あくまで静的と信じていただけであった。その後、ハッブル、ルメートルにより、宇宙が静止しておらず膨張しているということが明らかにされる。そうなると、宇宙をもはや止めておく必要はなくなる。宇宙項は無用の長物となったかに見えた。アインシュタインは、宇宙項の導入を悔いて「わが生涯最大の失敗」と言ったと伝えられる。もっとも、証人の一人はあの冗談好きなガモフなので、真偽は定かではない。ただ、この言葉は科学史上でも非常に有名になったため、本当に言ったのかどうかの検証が現在も進められている。この言葉をアインシュタイン自身の書いたものの中には見つけられない、という否定的な意見や、ほかの証人がいたらしいとか、似たような言葉を当時別な場面で使っているなどの肯定的な意見など、論争は続いているようである。

斥力を生み出す宇宙項が存在しなければ、膨張は減速していく。これが一般相対性理論の帰結である。実際に膨張が減速しているかどうかは、膨張速度の時間進化を測定すればわかる。膨張を風船の表面の膨らみに見立てると、膨らむ割合が時々刻々遅くなっているのかどうかを調べる、というわけだ。

宇宙膨張は、遠方の銀河について、距離に比例する後退速度を生じる。減速膨張の場合には、このハッブル-ルメートルの法則が、現在よりも未来では、遅い方向にズレることになる。膨張にブレーキがかかっているので、同じ距離での後退速度が遅くなるのである。しかし、未来は観測できない。幸い、宇宙では過去は観測できる。今後は、過去について考えてみよう。減速ということは、過去は今よりも速かった、ということになる。過去の後退速度は現在よりも速いはずなのである。そのためハッブル－ルメートルの法則の比例関係が壊れることとなる。

膨張が減速していることを確認するには、ハッブル－ルメートルの法則の確認よりもさらに遠方まで、距離と速度の関係を得ることが必要となる（図８-１）。ハッブル－ルメートルの法則だけであれば、比例関係を調べることで済む。減速を知るためには、比例関係の係数が昔、つまり遠方でズレているということを検証しなければならないからだ。そこで考案されたのが、Ｉａ型超新星を用いて距離を決定する方法だ。

超新星の中でも、爆発の光の中に水素の痕跡が見えないＩａ型は、特に明るいことで知られる。水素が見えないので、恒星が単純に最終段階で爆発したものではない。そうであれば外層に残された水素の存在が見えるはずだからである。

Ｉａ型超新星の正体についてはいまだわかっていないことも多いが、白色矮星が関係しているものと考えられている。白色矮星は太陽程度の恒星の最終段階において外層のガスが外に放出された後に残される中心核の部分である。太陽程度の質量で、地球ほどの大きさという、重力の強い天体である。この白色矮星が通常の恒星と連星を形成することがある。例えば、シリウスは

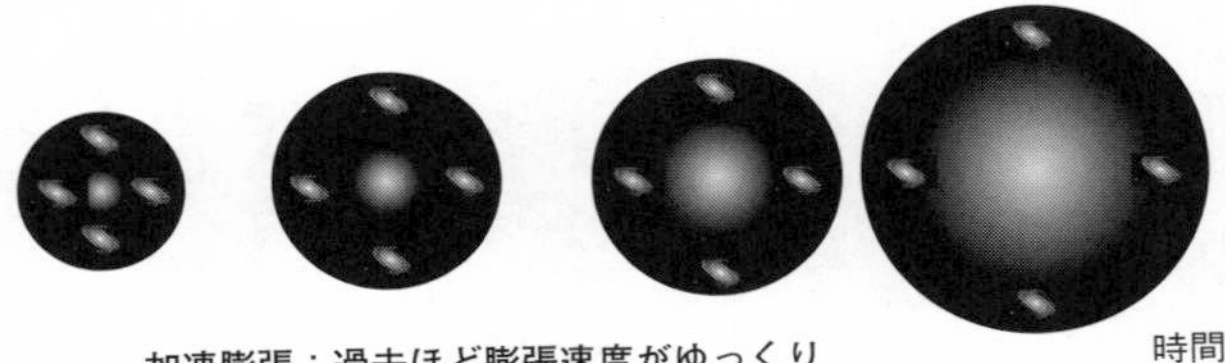

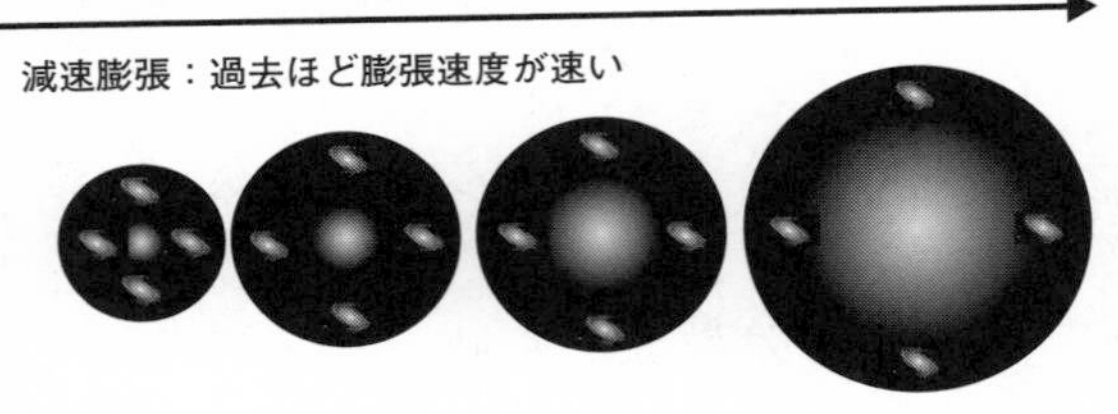

図8-1　減速膨張と加速膨張の違い
遠方にいけばいくほど加速か減速かの違いが明らかになる。宇宙の大きさがたとえば現在の半分（図の一番左側）だったのは、加速膨張の方が昔（遠方）。

白色矮星を伴星として持っていることが知られている。このとき白色矮星の重力が強いために、恒星からガスが降り注ぐこととなる。

白色矮星にガスが降り積もり続けると、やがて暴走的な核融合反応が誘発され星の大部分が吹き飛び、明るく輝く。これがIa型超新星の正体の一つの可能性である。

ここでのポイントは、爆発の規模である。もし爆発するまでに降り積もるガスの量がどの超新星の場合でも同じであれば、超新星の爆発の規模も同じ、ということになる。同じ明るさで輝くことが期待されるのだ。明るさのわかっている天体があれば、その見かけの明るさを測定することで、距離が決定できる（第2章41頁参照）。Ｉａ型超新星は、リーヴィットの変光星と同様に、明るさのわかっている、いわゆる標準光源として（補正を行った上でであるが）使えるのである。また、この超新星は明るいために、宇宙の膨張の減速を決定できるぐらい遠方でも容易に観測できる。良いことずくめだ。ただし、一つ問題がある。それは頻度である。

超新星は、一つの銀河では数十年に１回程度しか起きない。宇宙膨張の減速を決めるのにそんなに待つことはできない。しかし、多くの銀河をモニターすれば、この状況は劇的に変わる。ここで、仮に一つの銀河で平均的に１００年に１回、Ｉａ型超新星が起きるとしよう。このとき、１００個の銀河を常時モニターしていれば、どうだろう。平均的には毎年１回の割合で超新星を見つけることができることになるのである。その数を３６５倍した３万６５００個の銀河をモニターしていれば、毎日超新星を発見できるはずだ。そこでサーベイの出番である。広い空の領域でくまなくそこにある銀河に超新星爆発が起きていないかを調べ続けるのだ。

１９９０年代になって、２つの研究グループが競ってＩａ型超新星のサーベイを進めた。90年代の終わりには、両者とも宇宙膨張の時間進化を測定することに成功したのである。その結果は驚くべきものであった。宇宙は予想されていた減速膨張ではなく、加速膨張をしていたのだ！

図8-2をご覧いただきたい。この図で、横軸は銀河の後退速度（赤方偏移）、縦軸は超新星の見かけの明るさ、すなわち「距離」である。この図は、ハッブル－ルメートルの法則を示した図

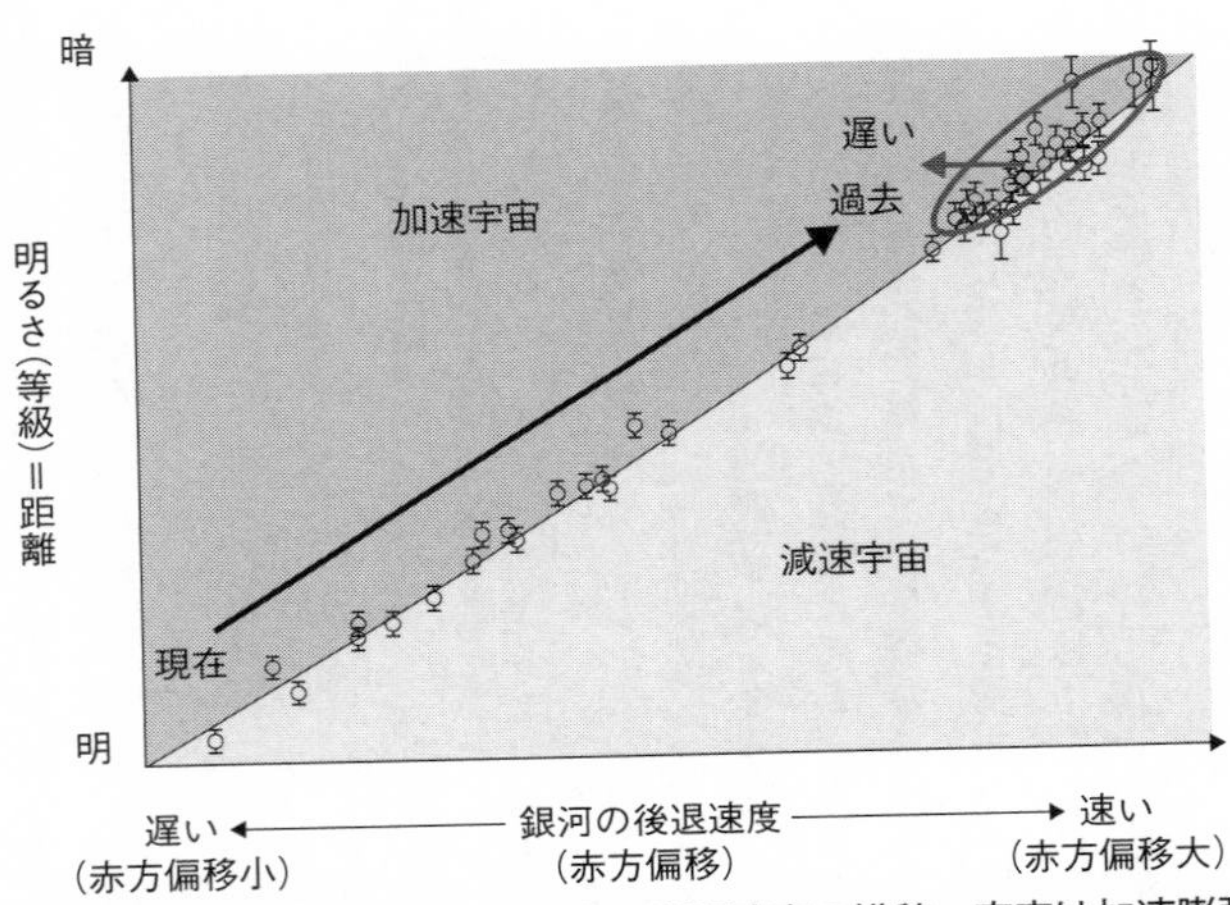

図8-2　Ia型超新星で測った宇宙の膨張速度の推移。宇宙は加速膨張していた

2-5の横軸と縦軸を入れ替えたものである。ただし、それよりもずっと遠方の銀河をⅠa型超新星を用いることで測定していることに注意されたい。この図において も、直線が、ハッブル-ルメートルの法則を表す。これが等速膨張の場合だ。一方、減速膨張であれば、過去は、法則よりも後退速度が大きい、つまり直線よりも右にデータが現れるはずである。加速膨張であれば、それとは逆に、過去では法則よりも遅く、左にデータが現れる。

図のデータを見てみよう。過去（図の右上の部分）では、直線上ではなく、超新星のデータは左側に寄っている。過去の宇宙の膨張速度は、現在の宇宙よりも遅く、現在に向かって膨張速度は増している、つまり加速膨張だったのだ。

　膨張を加速させるためには、引力ではなく斥力が必要となる。反重力といっても良い。また、加速させるための仕事をどこからか供給する必要がある。宇宙にたえず加速のための仕事を供給し続ける謎のエネルギーが存在していなければならないのである。このきわめて奇妙なエネルギーをダークエネルギーと呼ぶ。アインシュタインの宇宙項はダークエネルギーの一つの候補である。アインシュタインの「生涯最大の失敗」は、宇宙論最大の謎として現代によみがえったのだ。今のところ、ダークエネルギーの正体は皆目わかっていない。

　宇宙の膨張はダークエネルギーによって支配されていた。Ｉａ型超新星サーベイによって宇宙膨張の加速を発見した功績で、ソール・パールムッターとブライアン・シュミット、アダム・リースの３名に２０１１年のノーベル物理学賞が与えられた。なお、パールムッターとほかの２人は別な実験グループの代表である。パールムッターはカリフォルニア大学バークレー校の研究者である。筆者が留学時代に所属していた同じ研究センターに彼も所属していた。そのセンターの中間評価で、評価者であるハーバード大学の著名教授が、パールムッターの研究手法に手厳しく噛み付いていたことを今でも思い出す。きわめて批判的、かつ攻撃的だったので、後で友人に「なぜあんなに厳しいんだ？」と聞いたところ、教授がライバルの実験を主導しているから、と教えてもらって納得したが、この教授のもとで実際に計画を推進したのが、誰あろうシュミット

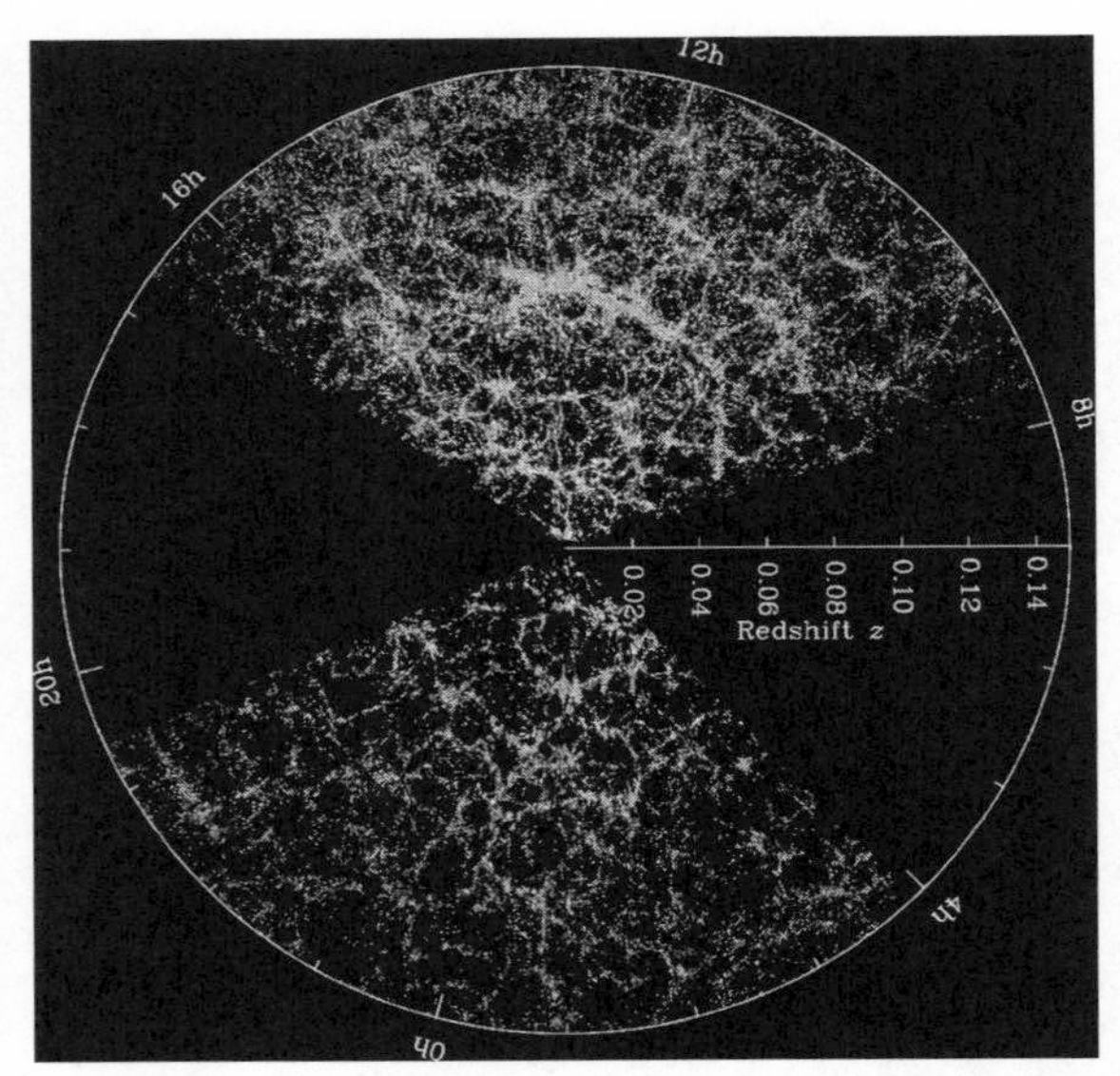

図8-3　スローン・デジタル・スカイ・サーベイ（SDSS）が観測した宇宙の大規模構造。それぞれの点が銀河を表している。距離の代わりに赤方偏移（Redshift）が示されている。およそ0.02が2.9億光年、0.14が20億光年に対応する（©SDSS）

とリースであった。ここでも研究者の「人間的な」ドラマを見た思いがする。

宇宙大規模構造

宇宙には、さまざまな構造が階層的に存在している。恒星と惑星からなる惑星系、恒星の集団である星団、さらに恒星が数千万から数兆個も集まった大集団である銀河、銀河が数十個集まった銀河群、数百から数千もの大集団である銀河団などが知られている。そして、銀河や銀河群、銀河団が集まってできているのが宇宙大規模構造である。

宇宙大規模構造の存在が明らかになってきたのは１９７０年代後半からハーバード大学が中心となって行ってきた銀河の地図作りからである。当初は２０００個ほどの銀河の赤方偏移を測定し、１９９５年までには１万８０００個の銀河の赤方偏移測定を完了した。その結果見えてきたのが、銀河の連なりであるフィラメント構造や、銀河の少ないヴォイドと呼ばれる構造、フィラメントの連結部分に存在する銀河団や銀河群が集まった超銀河団である。そこで発見された５億光年×２億光年で厚さが１６００万光年という銀河の作る巨大な壁構造は、中国の万里の長城になぞらえてグレートウォールと名付けられた。

この地図作りをさらに発展させたのが、先に述べた２ｄＦとＳＤＳＳというサーベイである。その結果描き出された宇宙大規模構造（図８‐３）は、蜘蛛の巣のような銀河のネットワークの連なりであり、コズミック・ウェブとか、泡構造などと呼ばれている。

ダークマターが作る大規模構造

コズミック・ウェブは、宇宙マイクロ波背景放射の温度ゆらぎと同様に、インフレーションが生み出す密度ゆらぎを起源に作られたと考えられる。

第4章（85頁）や第6章（141頁）ですでにみてきたように、見えている物質をはるかにしのぎ、宇宙の重力を支配しているのがダークマターだ。実際に、ダークマターが重力を支配していると仮定して、コンピュータ・シミュレーションにより数値的にダークマターが重力によって集まっていく過程を解いていく。すると、まさに観測されるコズミック・ウェブが再現できるのである。ただし、このときダークマターがあまり大きな運動エネルギーを持っていてはいけないこともわかってきた。大きな運動エネルギーを持っていると、ダークマター自身の乱雑な運動によって、重力で集まることができなくなってしまうからである。ダークマターは運動エネルギーが小さい、つまり冷たいものでなければならない。これをコールド・ダークマター（冷たいダークマター、CDM）と呼ぶ。

ダークマターが冷たいことがわかると、候補をある程度絞ることができる。特に、ニュートリノはダークマターにはなり得ないことがわかる。ニュートリノは質量は持っているものの軽く、また、ビッグバン中は、比較的遅い時期まで電子などとよく衝突していたことから、大きな運動エネルギーを持つ、熱い粒子だからである。

残念ながら、いまだダークマターの正体はわかっていない。第4章でも紹介したとおり、「宇宙論に残された大きな未解決問題」（89頁）である。これまで知られていない素粒子の可能性に懸けて、ヒッグス粒子を発見したＬＨＣ加速器では、ダークマターの正体である素粒子も作り出そうとしている。残念ながら、今のところ候補となり得るような新粒子は見つかっていない。一方で、ダークマター粒子を直接捕まえてやろうとする努力も続けられている。ダークマター粒子が地球にたえず飛来してきていれば、まれにではあるが原子核にぶつかってエネルギーを与える可能性がある。それを測定してやろうという実験である。こちらもいまだダークマター粒子の兆候は見つかっていない。

重力レンズで「見る」ダークマター

宇宙で重力を支配しているダークマターだが、宇宙大規模構造そのものはダークマターではなく、光っている星やガスによって観測される。ダークマターはその名のとおり、直接見ることはできないのである。しかし、近年ダークマターの影を見ることが可能となってきた。重力レンズ効果と呼ばれる現象を用いるのである。銀河や銀河団などは、ダークマターが大量に集まっていて、そこでは重力がきわめて強くなっている。アインシュタインの一般相対性理論によれば、強い重力は空間を歪める。物体が引き寄せられるだけでなく、光の経路さえも曲げられるのだ。空間があたかもレンズのように働くために、重力レンズ効果と呼ばれる。

銀河や銀河団などの重力が強い構造の向こう側にある銀河の光は、構造の近くを通過する際

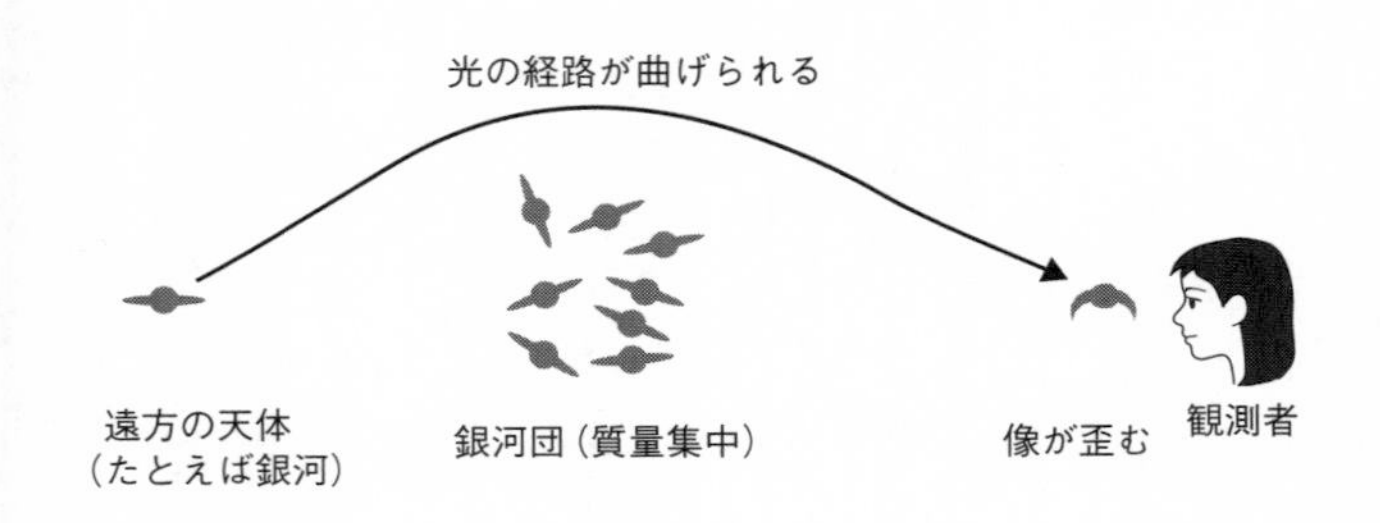

図8-4　銀河団による重力レンズ効果

に、重力レンズ効果によって曲げられ、その像が歪むとともに、複数の像ができ、またその明るさが増大する(図8-4)。まさに、通常の凸レンズを通して見ると、像が拡大されるとともに歪んだりするのと同じ現象である。凸レンズを通して日光を見るのがいけないのは増光するからだ。

ハッブル宇宙望遠鏡が1990年に打ち上げられ、さらに当初ピンボケだった画像を補正するため、宇宙飛行士が補正のレンズを取り付けた1993年以降、これまでにない鮮明な画像が得られるようになり、続々と銀河団や銀河による重力レンズ効果が見つかるようになった。そこでは背景の銀河の像が複数に分かれ、また大きく歪められてアーク(円弧)状になっている様子が見られる。このように大きく像が歪められたり複数になったりする現象を、強い重力レンズ効果と呼ぶ。

強い重力レンズ効果によって、銀河団や銀河に、どれだけのダークマターが存在しているのかを推定できる。重力レンズ効果は重力によって引き起こされるので、重力を支配しているダークマターが主に関与しているからである。なお、この重力レンズ効果によるダークマターの測定について初めて指摘したのは、かのツヴィッキーである。あまりに時代の先を行き過ぎていた。

重力レンズ効果によって、銀河団には、目に見える銀河やX線によって観測される高温のガスなどよりも、はるかに多くの量のダークマターが存在していることが明らかになっている。典型的な銀河団では、銀河の質量の総計に対してガスはその10倍、ダークマターは１００倍近くもある。

重力レンズ効果には、天体の光を増光するという効果もある。このことを利用して、通常では暗すぎて、すばる望遠鏡などの巨大望遠鏡でも受けることのできない、かすかな光を放っている最遠方にある銀河を見つけることが可能となる。最遠方銀河の光が銀河団や銀河のそばを通過する際に、重力レンズ効果によって増光することで観測できるようになるからである。天然の望遠鏡というわけだ。実際に、この方法によって１３２億光年彼方の銀河、さらに１３３億光年彼方にある銀河候補が見つけられている。

宇宙大規模構造が生み出す重力レンズ効果は、銀河団のものよりは弱い。銀河団に比べて総量としての質量は大きくても、1ヵ所に集中していないからである。そこでの重力レンズ効果は、背景にある銀河の像を一方向に引き伸ばして歪ませるという形で現れる。

この引き伸ばしの効果は、単独の銀河を見ても、わからない。もともと持っていた銀河の形と、重力レンズ効果による引き伸ばしを区別することができないからである。しかし、多数の銀河を観測することでこの効果を取り出すことが可能となる。隣り合う銀河は、同じ重力源によって同じ方向に引き伸ばされ、整列するように見えるからである。これを弱い重力レンズ効果と呼ぶ。この弱い重力レンズ効果を、すばる望遠鏡やハッブル宇宙望遠鏡などが協力して測定することで、ダークマターの作る宇宙大規模構造を描くことが可能となってきている。目に見えないダークマターを重力レンズで炙り出すのである。

第9章

バークレーの日々

宇宙論黄金時代、その中でも特に大きな輝きを放ったのが、ＣＯＢＥ衛星から始まる宇宙マイクロ波背景放射の研究である。ＣＯＢＥ衛星のＦＩＲＡＳ検出器によって黒体放射が確認されたのが1990年、そしてDMR検出器によって温度ゆらぎの発見が報告されたのが1992年のことだ。しかし、これは始まりにすぎなかった。DMRのピンボケ望遠鏡では分解することのできない小さなスケールのゆらぎに、宇宙を解き明かすカギが潜んでいることがわかってきたからである。

DMRの発見から1年後、1993年の春に、私は日本学術振興会の海外特別研究員に選ばれ、2年間東京大学を休職し、カリフォルニア大学バークレー校で研究をする機会を得た。ここで、日本学術振興会、通称「学振」とは、文部科学省の外郭団体で学術関係の予算を執行する団体だ。学術振興会では、若手研究者をサポートするため、2年間（現在は3年間）の期限付きではあるが、助手（現在は助教）レベルに近い給与を支給し研究に専念させる特別研究員という制度を設け、多くの研究者がその恩恵にあずかってきた。私自身も、この研究員を1年務め、思う存分研究をすることができたことが、東京大学の助手に採用された決め手になったと思う。私が東京大学に赴任する少し前から、国際的に活躍する若手研究者を育成することを目的に日本学術振興会が新たに設けたのが、海外特別研究員である。当時は、学術の全分野で採択数が年間わずか10という狭き門であり、採用されたのは運も味方してのことと思う。

海外特別研究員に申請する際には、当然のことながら、研究先を決めなければならない。専門としていた宇宙マイクロ波背景放射の研究で世界トップを走っているのは、と考えたときに浮かんできたのが、カリフォルニア大学バークレー校である。

当時、バークレーには宇宙マイクロ波背景放射の研究で先駆的な仕事をした有名なジョセフ・シルク教授が在籍していた。ボスの佐藤教授に紹介をいただき、すぐに電子メールで連絡をとったところ、喜んで受け入れる、というありがたい言葉をいただいた。なお、今では当たり前の電子メールは、ちょうどこのころから研究者コミュニティで使われるようになってきた新しいツールだった。当初は日本語が使えず、必然的に日本人どうしでも英語でのやり取りになったことが思い出される。ときどき、ローマ字で送ってくるヤカラがいて、これがどうしようもなく読みにくい代物で、解読するのに苦労させられたものである。

私が受け入れてもらったのは、素粒子宇宙論センター（当時）という機関であった。宇宙論に関係したバークレーの研究者が集まって作ったセンターであり、潤沢な研究資金をもとに、多くの研究プロジェクトを実施していた。のちにノーベル賞を取った２人の研究者、ＣＯＢＥ／ＤＭＲのスムートと、遠方の超新星探査をスタートさせたばかりのパールムッターもこのセンターに所属していた。振り返ってみると、きわめてぜいたくなセンター、そして研究環境であり、このセンターを中心に当時のバークレーは宇宙論研究全般で名実ともに世界トップの研究機関であったといえよう。センターは物理教室（ル・コンテ・ホール）にあったが、私自身は隣にある天文教室（キャンベル・ホール）のシルク教授と同じフロアに居室をもらうことができた。

正しいとき、正しい場所、そして最高のメンター

シルク教授のもとで研究をする目的で渡米したわけだが、それは後になって振り返ってみると「正しいときに、正しい場所にいる」ことになる、まさに千載一遇の機会を摑んだ研究者人生最大の幸運に巡り合った瞬間であった。

ここで、シルク教授について紹介しよう。ロンドンに生まれ、ケンブリッジ大学を卒業後は米国に渡り、ハーバード大学で博士号を取得、長くカリフォルニア大学バークレー校の教授を務めた。その後、50代後半になって、オックスフォード大学のサビル天文教授職に招聘(しょうへい)され、英国に戻った。この教授職は17世紀から続く由緒のあるものであり、有名な建築家のクリストファー・レンが4代目だ。シルク教授はオックスフォードを定年後は、パリ天体物理学研究所に所属、70代後半となった今日でも、きわめて活発に研究活動を続けている。宇宙マイクロ波背景放射、ダークマター、そして銀河の形成の分野で顕著な業績をあげ、まさに宇宙論研究の権威、パイオニアである。

このように書いていくと、近寄りがたい人のように思える。シルク教授のすごいところは、まったく飾らない、そして温かい人柄で、誰に対しても優しく接するところだろう。特に私のよう

シルク教授75歳記念研究会の集合写真。前列右から２番目がシルク教授、前列左から２番目が筆者、筆者の左後ろがピーブルス博士。

な外国人の下手な英語にも忍耐強く付き合ってくれるのは本当にありがたい。ただし、ロンドン訛りの強い英語を話されるので、聞き取りがたいへん難しい。きわめて幅広い研究の興味と人柄から、シルク教授は信じられないほど多くの共同研究を遂行している。当時、年間論文数が50本を超えていたのを覚えている。毎週、新しい論文を書いていた計算になる。また、後になって、私がドイツの研究機関に滞在していたとき、たまたまシルク教授が講演のためにやってきたことがあったが、彼と話したがる研究員や学生、さらには、教員の中でも彼の昔の博士研究員だったものが集まって、順番待ちの様相を呈していたのを思い出す。シルク教授こそ、学生や博士研究員の最高のメンターである。

すばらしき仲間たち

さて、私が渡米した当時、バークレーのシルク教授の研究グループには、多くの博士研究員と学生が所属していた。なお、ここで博士研究員とは、博士号を取得後、常勤の職を得るまで数年の任期で研究機関に雇われて研究をし、次に移っていくというポジションである。将来が見えないという点で厳しい立場ではあるものの、研究に専念できるという意味ではたいへん充実もしている。私はすでに定職を持っていたので、厳密には博士研究員ではなかったのだが、年代的に博士研究員扱いでバークレーに滞在することとなった。

私がバークレーに到着したときのシルク教授のグループは、いちばん長くいる研究員や学生でも1年半程度で、DMRによる温度ゆらぎの発見に触発され、世界的権威である教授のもとで宇宙マイクロ波背景放射の研究を進めようという気概に満ち溢れていた。

まとめ役が、少し年長のケンブリッジ大学で博士号を取った博士研究員ダグラス・スコットだ。彼の先生は、マーティン・リースという英国天文学会のトップ研究者である。リースは、フレッド・ホイルの後にプルミア教授職を継いだ人であり、エリザベス女王から一代貴族の男爵位を受けている。

スコットは、その名のとおりスコットランド人で、うっかり彼のことをイギリス人（イングリッシュ）と呼んでしまったときには、大目玉を食らった。絶対許せない間違いとのこと、なお、ブリティッシュは許容範囲だそうである。もしスコットランド人と話す機会があったら覚えておいてほしい。理論だけでなく、観測にも詳しい研究者だった。

大学を飛び級で卒業しイェール大学で博士号を取ったオーストラリア人がマーティン・ホワイトだ。私の人生で、これほど頭の切れる人間には会ったことがなかった。一を言えば十を知るというのは彼のためにある言葉だ。その分、周りの人間には、今風に言えば「上から目線」と見られていたようだが。

学生も多士済々だった。まず、スウェーデンから来たマックス・テグマーク。金髪、長身、ハンサムで女性によくモテていた。興味の幅も広く、哲学に近いような内容から宇宙論の観測データの取り扱いまで、多岐にわたって研究を楽しんでいた。次が、中国系米国人のウェイン・フー。彼については後に述べる。フーと同じく、プリンストン大学の卒業生で、最優等で卒業したのが、エモリー（テッド）・バンだ。データの扱いではプロフェッショナルだった。なお、バークレーに行ってみてびっくりしたのだが、大学院生には、留学生がとても多く、米国人であっても中国系、またはユダヤ系などで、いわゆるアングロサクソン系は少数派だったことだ。アングロサクソンの優秀な学生は、ビジネスに行ってしまうからではないかと想像している。バンは貴重なアングロサクソン系だった。彼の場合は、父親が大学教授だったから大学に残ろうと思ったのかもしれない。

以上紹介してきた博士研究員、学生に私を加えた6人が、シルク教授の宇宙マイクロ波背景放射研究グループの中核であった。なお、6人中スコットを除く5人が左利きだったことは驚きであった。理数系と左利きはやはり関係があるのかもしれない。

私を除く5名は、その後全員北米のトップ大学に職を得て、今でも研究の第一線で活躍している。スコットはカナダのブリティッシュ・コロンビア大学の教授として、カナダの宇宙論・電波天文学をリードする存在になっている。ホワイトは、シルク教授の跡を継ぐように、カリフォルニア大学バークレー校の教授として研究とともに、多くの学生を育てている。テグマークはMITの教授となり、現在は著作やテレビ、ネットなどで一般にもよく知られた存在となっている。日本のテレビ番組でも時折見かける。フーはシカゴ大学の教授として、独創性の高い研究を発信し続け、また学生も多く育てている。バンは、研究だけでなく教育に強い熱意を持っていたため、米国ならではの学部教育に特化したリベラル・アーツ・カレッジ、そのトップ校の一つであるリッチモンド大学で教鞭をとっている。

バークレーでの研究

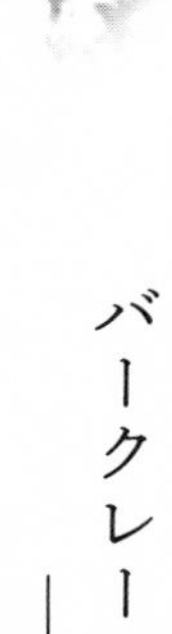

シルク教授は、アイデアを次々出すが、それを具体化して、実際に計算し論文にまとめていくのは博士研究員や学生の仕事だ。また、シルク教授のポリシーとして、博士研究員には、学生を指導しながらいっしょに研究することを強く奨励していた。一方で、博士研究員どうしは厳しく競わせていた。これは今考えてもすばらしい方針だったと思う。博士研究員は博士号を取得する過程で、その研究分野での突出した専門知識を獲得する。その知識をさらに深め、そして広げていくためにいちばん良い方法が人に教えるということである。少しでもあいまいだと学生が納得してくれないからだ。また知らないことがあると学生にバカにされると思えば、勉強にも自然と熱が入る。一方、博士研究員どうしは友人であるとともに、次の職を巡ってはライバルである。お互いの研究の進捗が刺激となり、研究を加速させていく。

シルク教授とは、直接議論もしたし、論文もいっしょに書いた。しかし、いちばん勉強になったのは、毎日グループで行く近所のカフェであった。一年じゅう気持ちの良い気候のバークレーならではだが、庭に備え付けられたテーブルを囲んで、木漏れ日の下、最新の宇宙論の話題、ニュース、さらにはゴシップなど話題は多岐にわたり、研究だけでなく生きた英語の学び場ともなった。ここでどれだけ多くの研究の芽が生まれたことだろうか。実際、謝辞の部分で、このカフェに感謝を記している学術論文がいくつもある。

シルク教授との共同研究が一段落した後、私がいっしょに研究したのが、大学院生のウェイン・フーだった。私は、その当時、ほかの誰にもできないような精度で宇宙マイクロ波背景放射の温度ゆらぎを計算するコードを開発していた。それを用いて宇宙モデルの検定を行う研究を進めていたのである。

たとえば、プリンストン大学のグループと共同で、宇宙の空間の曲がりを検定できることに気づいて書いた論文は、大きな注目を集めた。一方で、当時私としては、計算結果は得られるが、そこに働いている物理過程について、今ひとつ十分な理解・納得が得られていないと感じ、どこか気持ち悪い思いをしていた。そこで、フーと始めたのが、これまでの計算を見直し、数値的にではなく、解析的に式を解いていく研究である。解析的に解くためには、これまでまとめていっぺんに解いていた複雑な式を分割し、単純化する必要がある。その過程で、物理過程が見えてくる、というわけだ。

共同研究は、それなりに大変ではあった。しかし、驚くほど楽しかった。フーは当時本当に若々しく、外見は日本人にも似た風貌だった。のちに30代になってシカゴ大の助教授になり、授業をするために教室に入った際、学生と間違われたぐらいである。けっして口数の多いほうではなかったが、私の拙い英語を理解して、いつも的確な受け答えが返ってくる。きわめて優秀な大学院生だった。後でわかったことだが、プリンストン大学卒業で、ファイ・ベータ・カッパという成績優秀な大学生のみが入れるクラブのメンバーという米国大学生のエリート中のエリートだったのである。とにかく彼と議論をするのは楽しく、屋上にある大学院生部屋に一日じゅう入り浸って、2人で頭をひねって考えを巡らすのが日課だった。そこからは、いくつもの共同研究論文が生まれた。一つ一つの物理過程を理解し、とうとう全部理解できた、と確信できたのは、2年間のバークレー滞在も終わりのころ、1995年になってからだ。日本学術振興会の補助は2月までだった。しかし、研究の区切りがつくまで、ということでシルク教授にお願いして、東京大学の休職も延長し、半年間バークレーに雇用してもらう形で残ることができた。その結果出来上がったのが、フーとシルク教授の3人でまとめたネイチャー誌の論文である。そこでは、これまでの研究成果を通じてわかったこと、すなわち、宇宙マイクロ波背景放射の温度ゆらぎに働く物理過程の詳細、そしてその結果導かれるさまざまな量に対する依存性についてまとめることができた。次章では、その内容のエッセンスを紹介したい。

第10章

宇宙交響楽

宇宙マイクロ波背景放射に働く物理を詳細に検討し、個別の物理過程に分解してみると、そこでは「音」が重要な働きをしていることがわかってきた。宇宙マイクロ波背景放射には、ビッグバンの時代の音が温度ゆらぎとして封じ込まれており、その音を聞くことで、宇宙を解くカギが得られることが明らかになったのである。

宇宙マイクロ波背景放射の理解のためには、熱い宇宙の始まりであるビッグバン、特にその最後の段階である晴れ上がりの時期に何が起こったかを知る必要がある。宇宙マイクロ波背景放射を通じて、晴れ上がりの時期を見ているからである。

まずは、晴れ上がりの時代の宇宙の登場人物を確認しよう。最初が、現在は宇宙マイクロ波背景放射として観測される「光」だ。本書では主演を務める。次に、宇宙誕生後3分の時代に起こった元素合成（第5章108頁参照）の結果である水素の原子核、すなわち「陽子」と、「ヘリウム4の原子核」だ。「電子」も宇宙には大量に存在していた。この陽子、ヘリウム原子核、電子が、現在の宇宙に存在するあらゆる元素の元となったものである。そして、最後の黒子が「ダークマター」だ。黒子といっても、質量にすれば陽子などの何倍もの量が存在していたことがわかっている。この5人の登場人物ですべてである。ある意味、晴れ上がりの時期のビッグバン宇宙はとても単純なのだ。なお、厳密にいうと、ニュートリノも存在していたが、ほかの登場人物とほとんど衝突しないこと、ダークマターに比べてずっと量が少ないことから、ほぼいないものとして無視してよい。

これら5人の登場人物たちは、晴れ上がりまでは、バラバラに存在していた。しかし、ダークマターを除いた残りの4人は、たえず互いに衝突を繰り返していた。光は電子と衝突をし、電子は陽子やヘリウム原子核とやはり衝突をしていたのである。晴れ上がりまでは、光・陽子・ヘリウム原子核・電子全体で、空気のような状態、すなわち流体の状態にあったのである。

ただし、流体といっても、水のような押してもなかなか縮まないものではない。空気のように、押すと縮む流体だ。これを圧縮性の流体と呼ぶ。ただしビックバンでは、空気と違って、電気を帯びた電子や陽子が分離して存在していた。プラズマ（電離気体）と呼ばれる状態にあったのである。このプラズマが圧縮された状態では、当然圧力が高くなり、そこでの温度は高温となる。これとは逆に、プラズマが希薄になれば、そこは低温だ。プラズマ状態にあった晴れ上がり直前の物質に凸凹（疎密）が生じると、そのまま温度ゆらぎが生じるのである。

一方、ダークマターはこれらプラズマを構成する粒子や光とは直接衝突をしていなかった。唯一、重力を通じてのみ、ほかの登場人物と影響を及ぼしあっていたのである。

光子のエネルギーを変化させる重力

ここで、ダークマターが宇宙マイクロ波背景放射に及ぼす影響について考えてみよう。ダークマターは重力しか及ぼさないのだから、光が重力からどのような影響を受けるか、ということが焦点となる。

高校で習うニュートンの理論では、重力とは質量を持つ物体どうしの間に働く力とされている。リンゴが落ちるのは、リンゴと地球が互いに引っ張りあっているから、というわけだ。この理論では、光は重力によって影響を受けないことになる。それに異を唱えたのがアインシュタインだ。すでに何度も述べてきたように、一般相対性理論では、重力は空間を曲げる働きをする。空間自体が曲がるのだから、光の経路も曲げられるはずである。第8章で出てきた重力レンズ効果だ。一般相対性理論が発表されたすぐ後に起こった日食によって、一般相対性理論の正しさが証明された。日食によって昼間、しかも太陽のすぐそばの星を見ることができ、太陽のすぐそばを通過する星の光が太陽の作る重力によって曲げられていることがわかったのだ。

一般相対性理論は光の持つエネルギーに重力が影響を及ぼす、ということも示した。水がたまったダムでは、上流側の水を下流側に落とすことで、発電する。これは重力のエネルギーを利用している。このエネルギーはポテンシャル・エネルギーと呼ばれる種類のものだ。イメージとしては、重力で作られた井戸を思い浮かべてもらうのがよいだろう。井戸に向かって落ち込んでいけばエネルギーを獲得する。抜け出そうとすればエネルギーを失う、というわけだ。ボールを空に向かって投げると速度が遅くなる。地球の作る重力の井戸から抜け出そうとするために、エネ

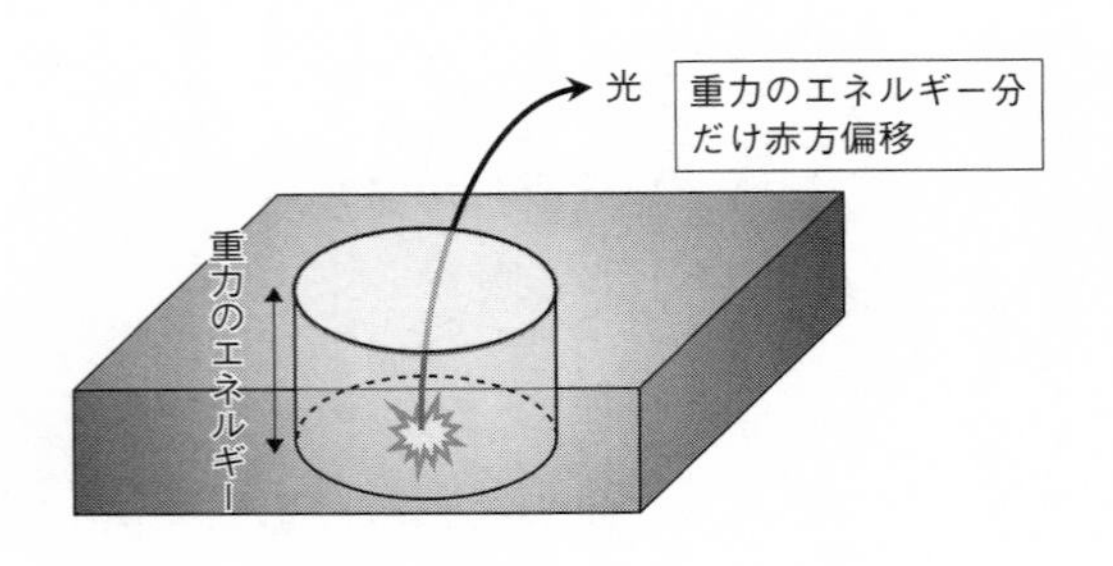

図10-1　重力の井戸から抜け出す光

ルギーを失うからである。また高いところで手を放せば、ボールはスピードを上げて落ちていく。井戸に落ち込んでいくのだ。ここまでは、ニュートンの理論である。

アインシュタインは、光にもこのエネルギーが作用することを一般相対性理論で予測した。重力で光のエネルギーが増減する、というのである。１９１５年のことである。アインシュタインの予測が実験によって証明されたのは、１９５９年のことだ。地上で光を高い塔から下に打ち込むと光がエネルギーを獲得することが示されたのである。高いところから低いところへものを落とすと一般にエネルギーを獲得する。重力のポテンシャル・エネルギーだ。光も、上から下に打ち込むと、このポテンシャル・エネルギー分をボールと同様に獲得する。ここで、

第4章で見たように、光のエネルギーは波長に反比例することを思い出そう（75頁）。エネルギーを獲得すると、波長が短くなり、色が青くなるのである。これを重力による青方偏移と呼ぶ。1959年、ロバート・パウンドとグレン・レブカはハーバード大学の塔を使って実験を行い、確かに波長が短くなっていることを確かめたのである。なお、これとは逆に、下から上に打ち上げると、光は重力の分だけエネルギーを失い、波長が長くなり色は赤くなる。重力による赤方偏移である（図10-1）。

重力による赤方偏移＝ザックス・ヴォルフェ効果

宇宙マイクロ波背景放射にも、重力ポテンシャルによる光の波長の変化の効果が生じる。ダークマターが集まっている場所、つまり重力の井戸の底から発せられた光は、そこから抜け出すためにエネルギーを失う。その結果、宇宙マイクロ波背景放射の温度が下がるのである。逆にダークマターが少ない場所から発せられる宇宙マイクロ波背景放射は温度が上がる。温度のゆらぎが生じるのだ。この効果を、最初に見つけた2人の研究者の名前を取ってザックス・ヴォルフェ効果と呼ぶ。

この重力の効果が特に重要になるのは、見込む角度の大きい成分の温度ゆらぎである。これは空の大きな領域を占めるゆらぎ、という意味だ。高温の領域、または低温の領域が差し渡し数度以上にわたって続いている場合を指す。

さて、インフレーションで作られたゆらぎは、大角度成分では凍結していると第7章のDMRの成果のところ（168頁）で述べた。なぜなら、晴れ上がりの時期の地平線は、空の上で角度約2度を占めるにすぎないからである。2度以上の差し渡しを持つ構造（温度のゆらぎ）は、晴れ上がりまで因果的に結びつくことのできなかった領域なのだ。因果的に結びつけない、ということは、最初の状態のまま、凍結していることを意味する。

晴れ上がりの時期には、最初の状態のまま凍結している温度ゆらぎではあるが、重力によるザックス・ヴォルフェ効果だけは働く。同じく、インフレーションで作られ、凍結したままの物質密度のゆらぎによって、温度ゆらぎが作られるのだ。この物質密度のゆらぎは、サイズによらず同じ振幅を持つスケール・フリーという性質を持っているのは第7章（167頁）で述べたとおりである。結局、そこから生み出される温度ゆらぎも、スケール・フリーという性質は残したままとなる。

まとめよう。空の上で2度を超えるスケールの温度ゆらぎは、ザックス・ヴォルフェ効果だけを受け、インフレーションのときに作られたスケール・フリーのパターンを示す。DMRの角度分解能は、7度であった。DMRは、ザックス・ヴォルフェ効果のみを測定したのである。その結果がスケール・フリーだったことは、まさにインフレーションの予想と一致するものであった。

膨張の時間変化が生む積分ザックス・ヴォルフェ効果

重力によるザックス・ヴォルフェ効果には、もう一つオマケの効果がある。それは、重力の強さが時間変化する場合の効果である。

ダークエネルギーによって空間の膨張が加速すると、ダークマターなどの物質が集まることが難しくなる。重力で引きつける力に対抗して、空間が時々刻々加速しながら広がるからだ。この場合、構造によって生み出される重力が弱くなっていく。重力の井戸が浅くなるのである。そこを宇宙マイクロ波背景放射が通過することを考えてみよう。

遠方からやってきた光が、構造までやってくると、いったん、重力の井戸に落ち込むことでエネルギーを得る。しかし、やがてその構造、つまり重力の井戸から抜け出す際に、同じだけのエネルギーを失うことになる。重力の井戸が変化しなければ差し引きゼロである。だが、重力の井戸が通過中に浅くなるとしたらどうだろう。構造を通過する際、井戸に落ち込むことで得るエネルギーよりも、井戸から抜け出すエネルギーのほうが少ないことになる。差し引きするとエネルギーを得ることになるのだ。その結果、宇宙マイクロ波背景放射の温度は上昇することとなる

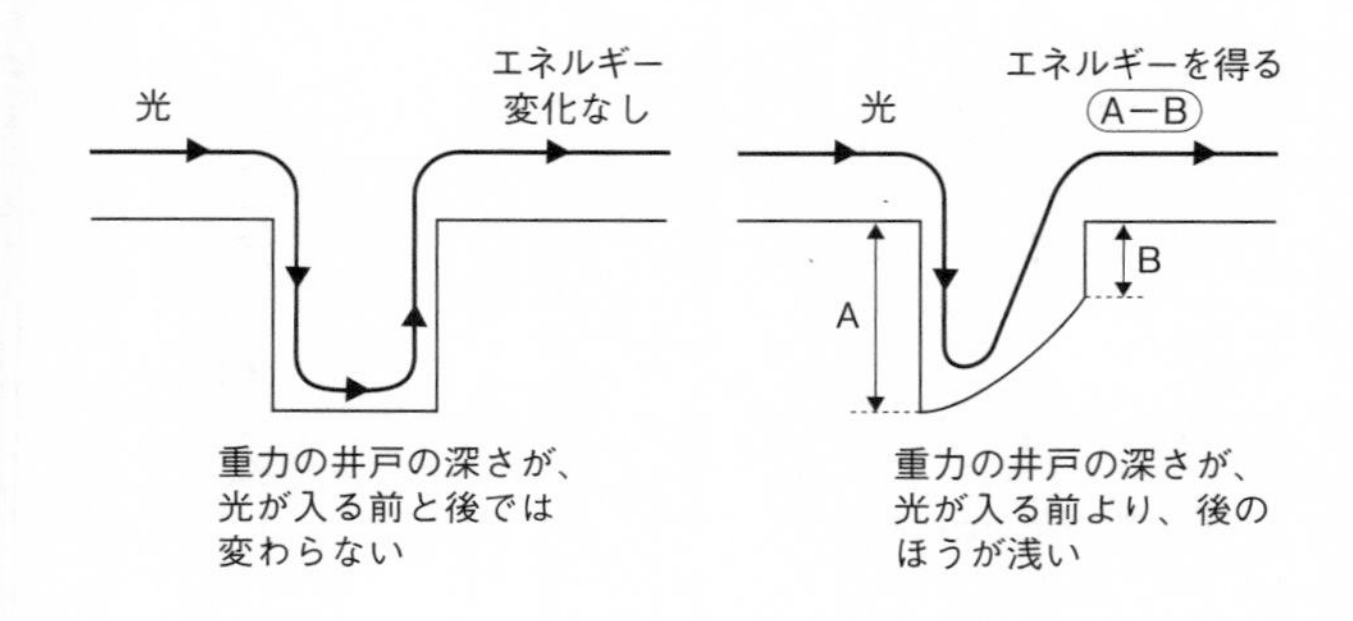

図10-2　積分ザックス・ヴォルフェ効果が生まれる仕組み

（図10−2）。この効果のことを積分ザックス・ヴォルフェ効果と呼ぶ。

まとめよう。宇宙の膨張速度が加速すると、その結果、物質が集まりにくくなり、重力ポテンシャルが浅くなり、宇宙マイクロ波背景放射に対してこの積分ザックス・ヴォルフェ効果が生じ、温度が上昇する。加速は、ダークエネルギーによる効果だ。逆に、積分ザックス・ヴォルフェ効果の大小で、ダークエネルギーの存在量を測定することができるのである。

ビッグバンの音波

ダークマターの次は、陽子、ヘリウム原子核、電子、そして光子で構成されるプラズマ流体である。これは空気のように圧縮できると先

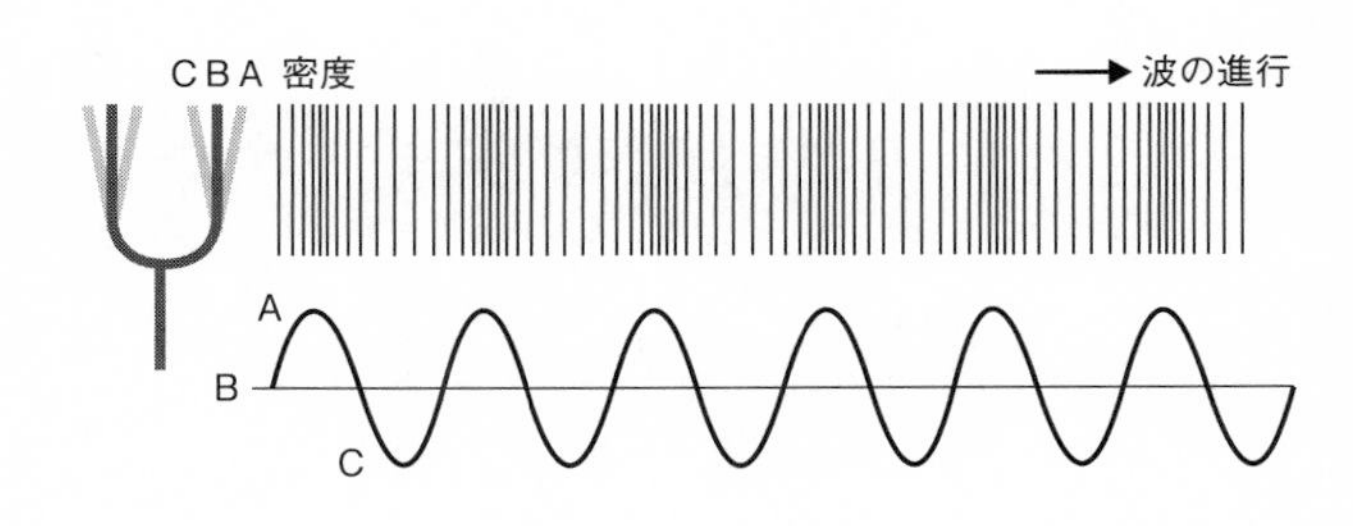

図10-3　音波は、空気を媒質として、その疎密が伝わる縦波

に述べた。そのような流体では一般に、密度の変化が波として伝わる。

ある場所に止まって見ていると、そこでは、流体が圧縮されて密な状態になったり、逆に希薄な疎な状態になったりを繰り返す。流体を媒質として、その中をこの疎密が波として伝わるのである。このような進行方向と同じ方向に振動する波のことを縦波と呼ぶ。一方、水面の波や紐を伝わる波は、進行方向に対して垂直に振動しているので横波と呼ぶ。

このような密度の疎密が縦波として伝わる現象は、日常生活でもおなじみである。音だ。空気を媒質として、その密度の疎密が伝わる縦波こそ音の波、すなわち音波なのだ（図10-3）。

人は音を使ってコミュニケーションをとっている。まず発声する側は、声帯を使って空気に疎密を生み出し、それを波として送り出す。空気中を音波が伝播し、やがて受け取る側の人の耳に到達し、鼓膜を振動させ、内耳まで伝わって電気信号に変換され、脳に到達する。空気という媒質のない場所、たとえば宇宙空間では、会話することができない。音が伝播できないからである。

ビッグバンのプラズマ流体も、空気と同様に、そこには音波が伝わることが可能であった。宇宙マイクロ波背景放射の温度ゆらぎとは、光子の密度の疎密にほかならない。密度が高いところ（密）が圧力も高く高温となり、低いところ（疎）が低温なのである。結局、温度ゆらぎとは、ビッグバンのプラズマに存在する音波そのものということになる。音というのは比喩ではない。人間の耳に聞こえるかどうかは別にして、流体に伝わる疎密波なので、空気を伝播する音と物理現象としては、まさに同じものなのである。

宇宙マイクロ波背景放射の温度ゆらぎの観測とは、ビッグバンの時代に鳴り響いていた音が、38万年の晴れ上がりの時期に凍結されたまま、１３８億年かけて宇宙空間を伝わってきたものを見ているのである。ただし、ＤＭＲが測定したような大角度成分の温度ゆらぎではない。晴れ上がりの時期までに音が伝わることのできる距離には限界があるからである。ＤＭＲの温度ゆらぎは、先に述べたように、重力による赤方偏移、すなわちザックス・ヴォルフェ効果のみを見ているのだ。

音の伝わる限界、音地平線

音が伝わる限界の距離のことを、光が伝わることのできる限界の地平線に準じて、音地平線と呼ぶ。宇宙が始まって以来、音が到達できる限界が音地平線なので、音地平線は音の伝わる速度である音速と宇宙の年齢をかけることで求められる。もちろん音は光よりも遅いので、音地平線は地平線よりも小さい。

音速は、流体の成分によって変わる。空気を伝わる音速は、地上の気圧で気温が20℃であれば、秒速340mほどである。これは光速に比べ相当遅いことがわかるだろう。たとえば、雷の電光は一瞬で届くが、雷鳴は届くのに時間がかかるのはこのためだ。ちなみに、電光が見えてから、雷鳴が聞こえるまでの秒数にこの音速をかければ、雷までの距離がわかる。10秒ならば、3・4㎞というわけである。仮に、ビッグバンの時代の音速が340mであれば、38万年の時代の音地平線は、0・43光年という計算になる。この時代の光の地平線、38万光年に比べるとけた外れに短いことがわかる。この場合は、音速が光速のわずか88万分の1にすぎないからである。

しかし、宇宙がビッグバンの状態にあると話は大きく異なる。光が大量に含まれているプラズマ中では、音速は光速に比べても（超えることはないものの）遜色がなくなるのである。

また、プラズマ中の物質の量と光の量によって、音速は変化する。陽子・ヘリウム原子核・電子が構成する物質の量が多ければ、音速は小さくなる。一方、光がプラズマの中で支配的であれば、音速は大きくなる。仮に、プラズマがほとんど光だけで構成されていれば、音速は光速の58％ほどにも達するのだ。実際には、晴れ上がりの時期には、光子は物質のおよそ1・3倍程度の量存在している。

そのため、光だけの場合に比べれば小さいものの、音速は光速の46％ほどにも達する。なお、この値は陽子・ヘリウム原子核・電子の量に標準的と思われるものを用いた。この場合には、音地平線は、38万光年の46％、すなわち17万光年ほどになる。

ビッグバンに鳴り響く音

宇宙に鳴り響いていた音は、さまざまな音程の音の重ね合わせであった。しかし、この音地平線の波長を超える音波は存在できない。その限界の音の波長が17万光年ということになる。宇宙を楽器と比較してみよう。

楽器は、おおよそ楽器のサイズと同じ波長の音かそれより短い波長を生み出す。楽器が生み出

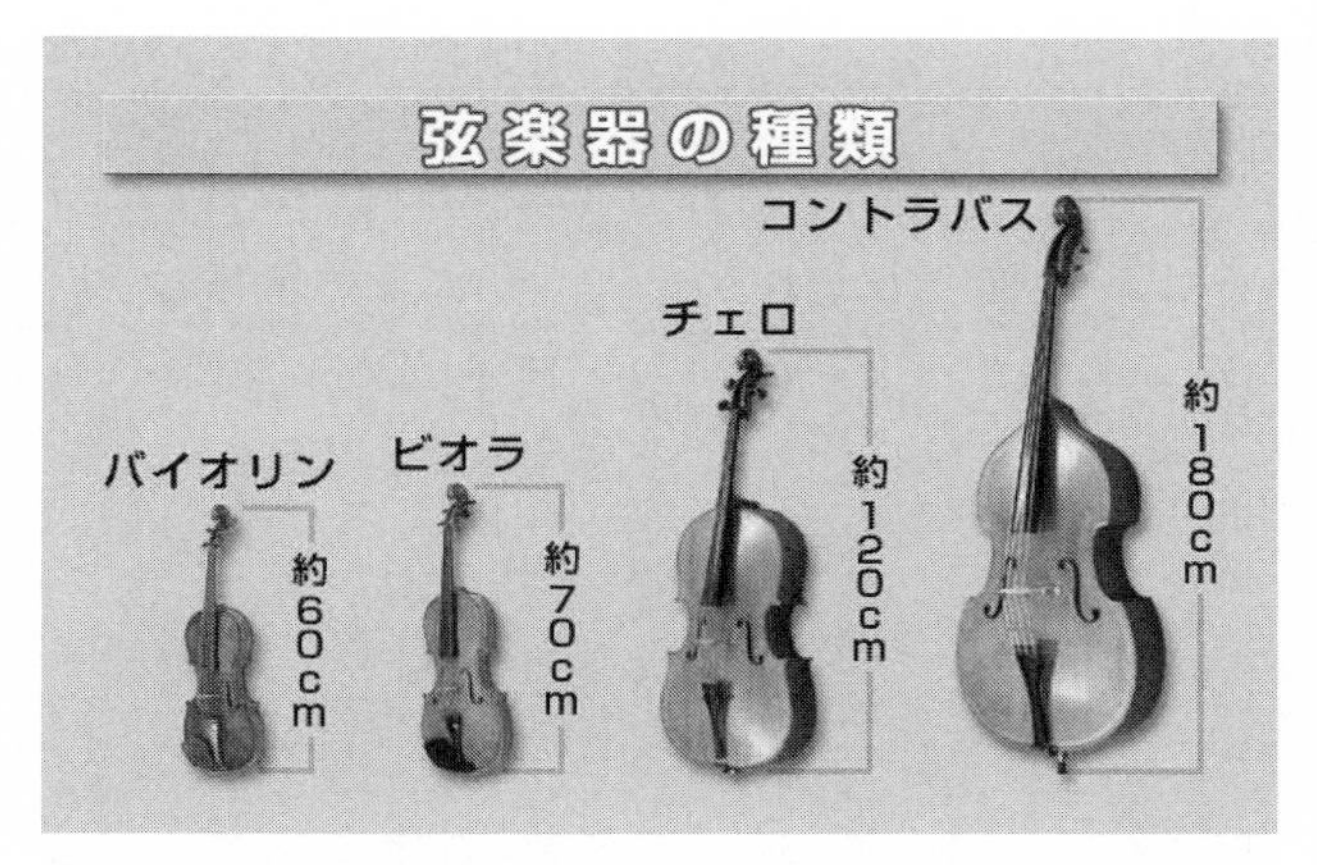

図10-4　バイオリン属の楽器。楽器が大きければ、音程が低くなる

せるいちばん長い波長が楽器のサイズで決まるのである。その結果、楽器が大きくなると波長が長くなる。波長が長いほど音程は低くなるので、大きな楽器ほど音程が低い。確かに、バイオリンよりもチェロ、チェロよりもコントラバスはサイズが大きくて音程が低い（図10－4）。

厳密には音程を決めているのは、音が1秒間に何回振動するかという振動数である。振動数の単位はヘルツで、1ヘルツが1秒間に1回の振動を表す。国際的な取り決めで、ピアノの真ん中あたりのラの音が、440ヘルツである。つまり1秒間に440回振動するのである。この倍、880ヘルツが1オクターブ上のラの音になり、220ヘルツが1オクターブ下のラの音だ。

振動数に波長をかけると音速が求められる。

なぜなら1回振動する間に、音波はちょうど1波長分だけ進むからである。1秒間に振動する回数が振動数だから、振動数と波長をかけると1秒間に波が進む距離が求まる。これが音速である。この関係から、波長を振動数と音速から求めようと思ったら、音速を振動数で割れば良いことがわかる。

ここで管楽器のフルートを例にとってみよう。フルートの長さは65cmである。管楽器で吹き口と出口の両方が開いているものでは、いちばん低い音の波長は、楽器の長さの2倍になる（図10-5の上図）。波長130cmである。音速の秒速340mを130cm、つまり1・3mで割ると、260ヘルツを得る。これがフルートで出せるいちばん低い音だ。ピアノでいうと真ん中あたりのドの音になる。

では、晴れ上がりのときに、宇宙という楽器の出しているいちばん低い音はいったい何ヘルツなのだろうか。いちばん低い音は、宇宙が始まってから38万年の間に1回だけ振動している音である。38万年は12兆秒である。12兆秒待つとようやく1回振動するので、1秒に振動する回数に直すと、12兆分の1ということになる。ピアノの真ん中のドの音、260ヘルツより51オクターブ以上も低い超超重低音だ。ちなみに音名はファ#になる。人間の耳が聞くことのできる音は20ヘルツから2万ヘルツ程度である。こんな重低音は当然聞くことができない。

楽器が鳴らす音は、基準となる最も低い音である基音と倍音で構成される（図10-5）。ドの音

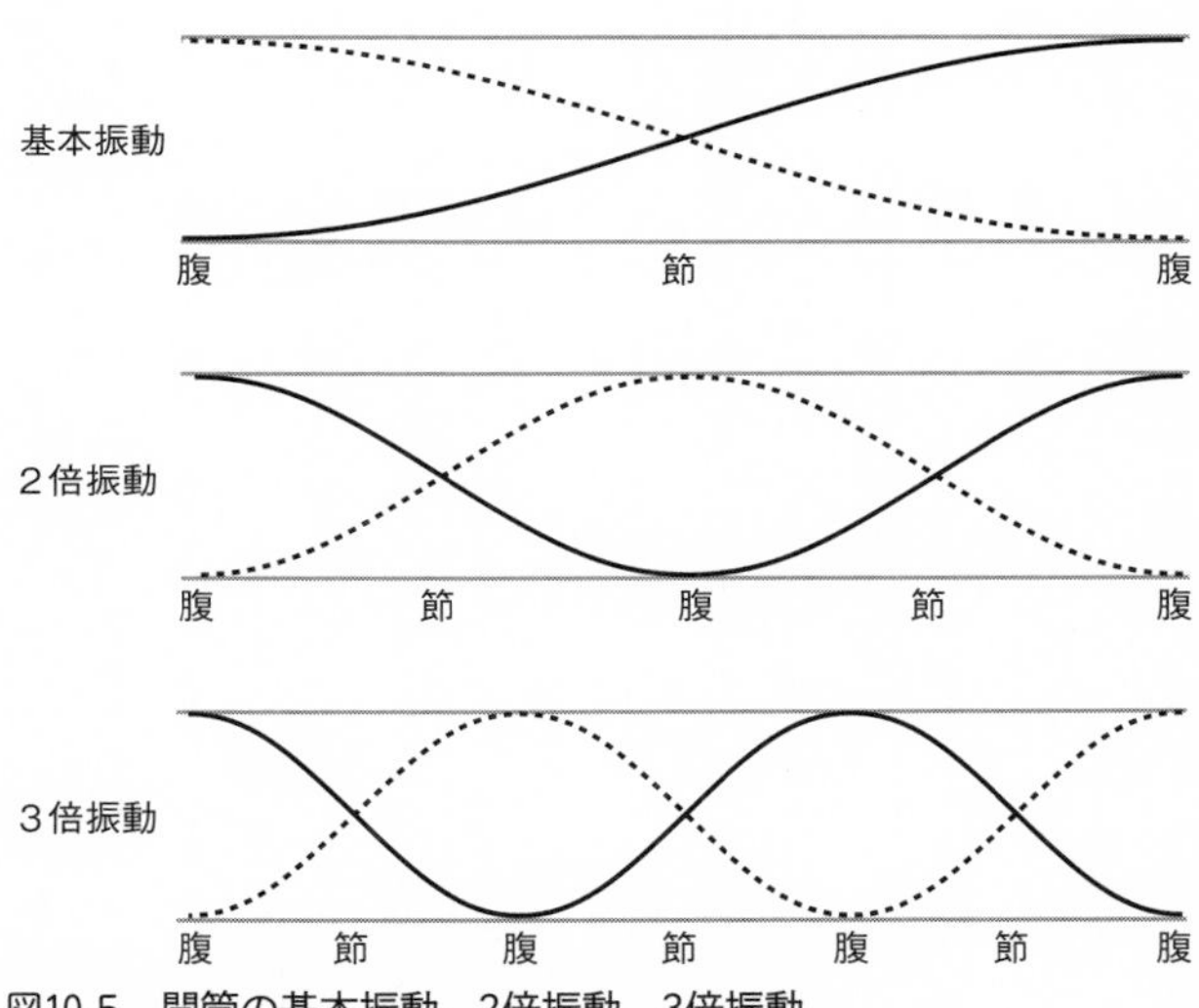

図10-5　開管の基本振動、2倍振動、3倍振動

が鳴っている場合でも、その2倍の振動数であるオクターブ上のド、さらに3倍の振動数であるオクターブ上のソの音、4倍の2オクターブ上のド、5倍の2オクターブ上のミの音などがいっしょに響いている。ちなみに、ドミソの和音がよく響く理由は、もともとのドの音と、その3倍のソ、5倍のミという倍音を合わせるからである。なお、倍音の混じり方は、楽器の形などによって複雑に変わる。そのため、同じドの音を鳴らしても、響き方が楽器によって大きく異なるのである。

ビッグバンの最終盤である晴れ上がりの時期に鳴っていた音も、楽器と同様に、このファ♯の重低音を基音に、その倍音で構成される。この宇宙全体に鳴り響いていた和音こそ、宇宙マイクロ波背景放射の温度ゆらぎであり、宇宙交響楽と命名したい。

宇宙交響楽に隠された秘密

宇宙マイクロ波背景放射の温度ゆらぎの音波成分、すなわち宇宙交響楽を聴く(観測する)ことで、いったい何がわかるのだろうか。まず、音程を聞き分けることから考えてみよう。音程は音地平線で決まっている。音地平線は、晴れ上がりの時期の音速と時間をかけることで得られる。では、音速と時間が何によって決まるのか、次に見ていこう。

音速は、陽子・ヘリウム原子核・電子が構成する物質の量と光子の量の比で決定される。前者が多ければ小さくなり、後者が多ければ大きくなるのである(222頁参照)。光子の量は、宇宙マイクロ波背景放射の温度で決まる。

つまり、音速がわかれば、晴れ上がりの時期の物質量と温度を知ることができるのである。ただし、ここでの物質とは、陽子、ヘリウム原子核、電子であり、ダークマターは含まないことに注意されたい。これらは、晴れ上がり期に原子核が電子を取り込むことで、水素原子とヘリウム原子となる。この水素原子とヘリウム原子は、その後の宇宙において星の中でさまざまな元素を生み出す材料である。つまり、晴れ上がりの時期の物質は、宇宙にある元素の起源にほかならない。そこでこれらダークマターを含まない物質量を、元素量と呼ぶことにする。まとめよう。晴れ上がりの時期の音速がわかれば、その時期の元素量と光子量、すなわち温度がわかるのである。

音地平線を決めるもう一つのファクターが時間である。時間は、宇宙にある物質の量で決まる。物質が多ければ重力が強くなるために、膨張速度が遅くなる。膨張速度が遅ければ、宇宙がある大きさに到達するのにかかる時間が長くなる。時間は物質の量で決まるのである。ここでの物質は、重力を及ぼすものすべて、すなわち元素以外にもダークマターが含まれる。

結局、宇宙に鳴り響く最も低い音の音程中に、元素の量、晴れ上がりの温度、物質の量といった情報が含まれていたのである。

では、次に宇宙交響楽に含まれる倍音成分について考えてみよう。倍音にはどのような情報が含まれているのだろうか。倍音は、楽器の形や音を伝える媒質によって異なってくる。たとえば、水の中では、高い音は減衰されて伝わりにくい。低い音のみが伝わるのである。結果として、高次の倍音ほど大きく減衰を受け、くぐもったような音になる。じつは、ビッグバンのプラズマにも同様に高音成分を減衰させる効果が存在している。光が電子と衝突を繰り返すことで起きるこの減衰のことをシルク減衰と呼ぶ。私のバークレー時代のボスであったシルク教授が最初にその存在を指摘したので、彼の名前で知られている。シルク減衰は、元素量が大きいほど生じやすい。シルク減衰によって、高い倍音成分は消されてしまう。倍音成分の大きさを調べることで、シルク減衰の程度がわかれば、元素量を決定できることとなるのだ。

また、元素量が多ければ、光によって担われているプラズマの圧力が弱くなる。元素は反発せずに重力で引き寄せられるからである。結果として、振動の振幅、すなわち音量が大きくなる。

まとめよう。音地平線によって決まる最も低い音である基音の音程は元素量、晴れ上がりの温度、ダークマターを含む物質量で決まり、一方、基音の音量と含まれる倍音の割合は、元素量によって決まる。ここで、倍音は元素量だけで決まることに注意しよう。結局、ビッグバンの交響楽の倍音から元素量を測定でき、基音を知ることで、晴れ上がりの温度、物質量を測定できるのである。

なお、基音を波長に直すと、マイクロ波背景放射の温度ゆらぎに見られる典型的なサイズ（波長）のゆらぎに対応している。音地平線の17万光年の波長は、空のおよそ0・8度程度を占める。この大きさに広がっている高温・低温の温度パターンこそ、基音なのである。満月の視直径が0・5度なので、満月とあまり変わらないサイズのゆらぎである。その半分の大きさ、3分の1の大きさ、4分の1の大きさ等々のゆらぎが倍音である。

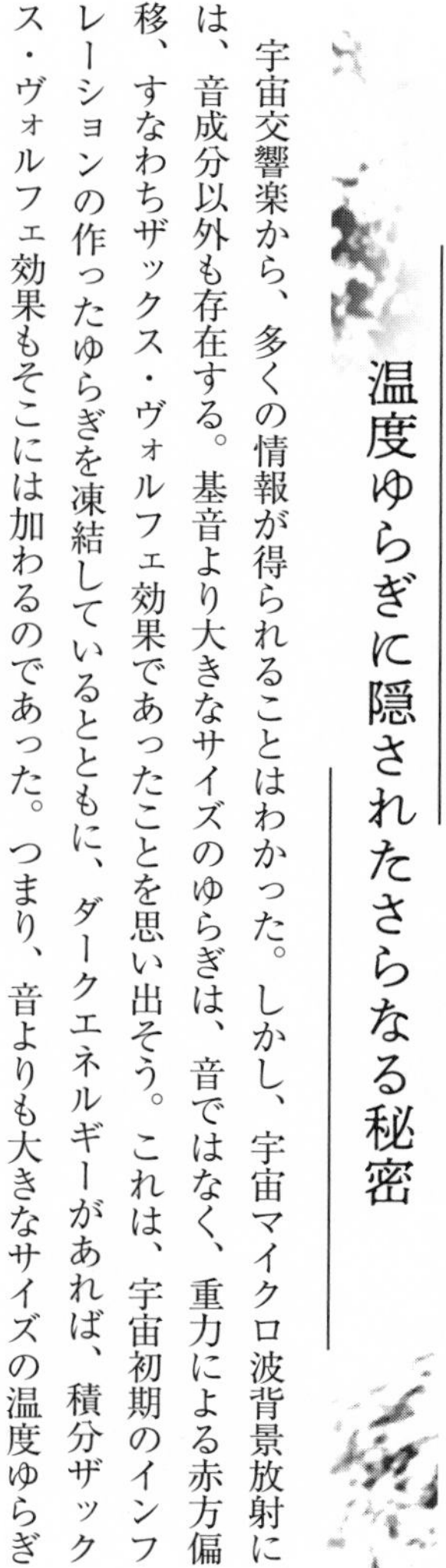

温度ゆらぎに隠されたさらなる秘密

宇宙交響楽から、多くの情報が得られることはわかった。しかし、宇宙マイクロ波背景放射には、音成分以外も存在する。基音より大きなサイズのゆらぎは、音ではなく、重力による赤方偏移、すなわちザックス・ヴォルフェ効果であったことを思い出そう。これは、宇宙初期のインフレーションの作ったゆらぎを凍結しているとともに、ダークエネルギーがあれば、積分ザックス・ヴォルフェ効果もそこには加わるのであった。つまり、音よりも大きなサイズの温度ゆらぎは、インフレーションとダークエネルギーの情報を含んでいるのである。

また、宇宙マイクロ波背景放射の温度ゆらぎには、空間の曲がり具合の情報も隠されている。温度ゆらぎを測定すると、空間が曲がっているかどうかわかるというのである。

第6章で、平坦性問題に関係して空間の曲がりについて解説した（118頁）内容を思い出してほしい。空間が曲がっていると、三角形の内角の和が180度ではなくなるのである。正の曲率であれば、180度よりも大きく、負であれば、小さい。三角形が太ったり瘦せたりするのだ。このことによって、遠方の天体の見え方が変わる。底辺を天体のサイズ、頂点を観測者として考えると理解できるだろう。太った三角形であれば、普通の三角形に比べて頂角が大きくな

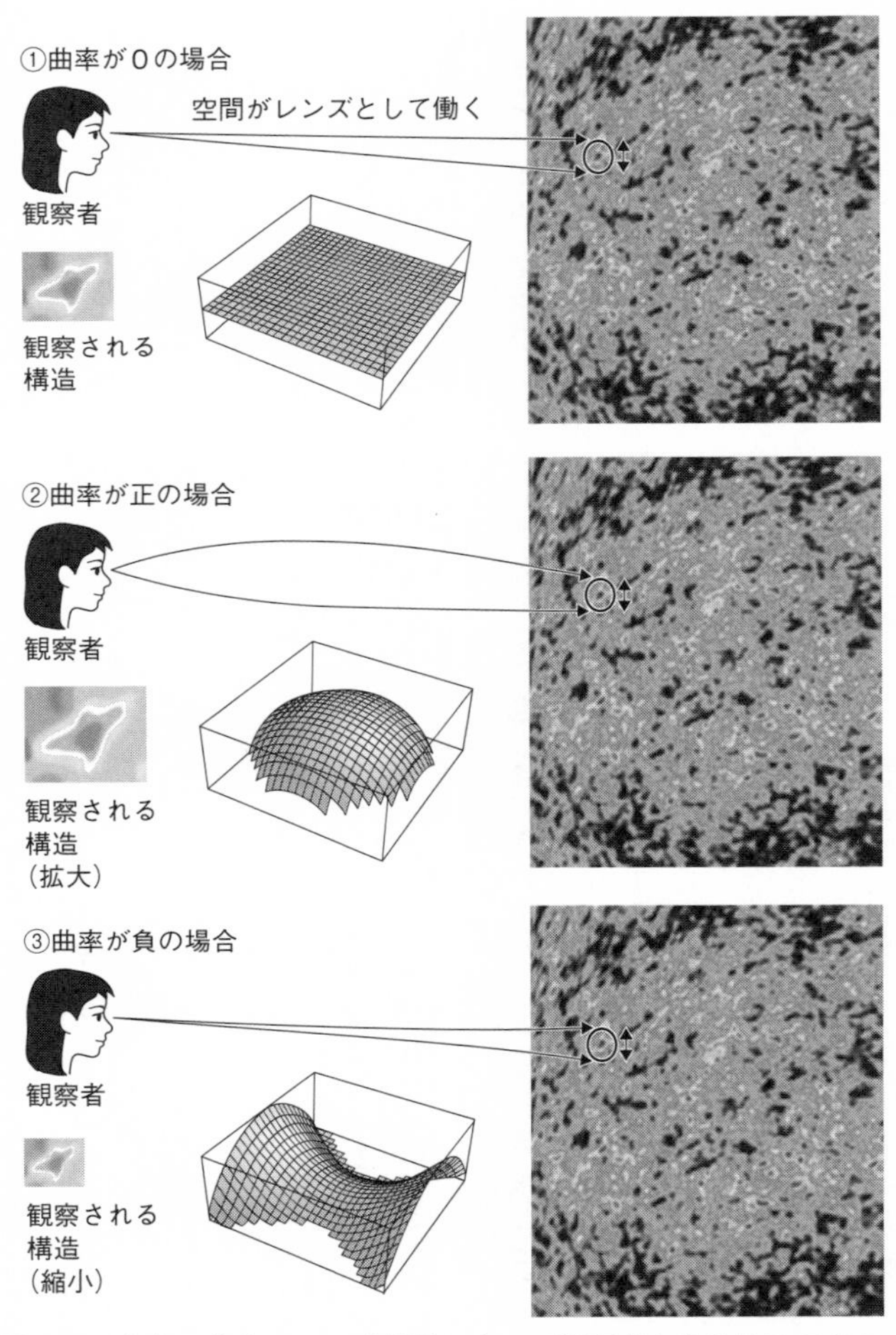

図10-6　宇宙の曲率のレンズ効果によって観察者から見える宇宙の姿が拡大・縮小される

る。瘦せていれば小さくなる。これは、見かけ上の天体の大きさが、大きくなったり小さくなったりすることに対応している。太った三角形を作る正曲率の空間では、天体の像が拡大し、瘦せた三角形を作る負曲率の空間では、天体の像が縮小して見えるのだ（図10－6）。

つまり、宇宙交響楽で生み出された基音の波長に対応するサイズの温度ゆらぎを、138億光年離れて観測すると、空間の曲率に応じてその像が拡大ないし縮小する。平坦な空間を仮定していたよりも、像、すなわち温度ゆらぎの典型的なサイズが大きかったら空間は正に、小さかったら負に曲がっていることがわかるのである。

宇宙の発展を解く

宇宙マイクロ波背景放射によって、元素量や物質量、ダークエネルギーの量、さらには空間曲率がわかると、宇宙の構造だけでなく、宇宙全体がどのように発展するのかを解くことが可能になる。一般相対性理論によって、宇宙にある物質が作る重力とダークエネルギーが及ぼす反重力が空間の膨張にどのような影響を与えるかがわかっているので、宇宙の発展を計算できるのである。

では、宇宙の発展、というのはどういう意味なのだろうか。まず、ダークエネルギーが存在し

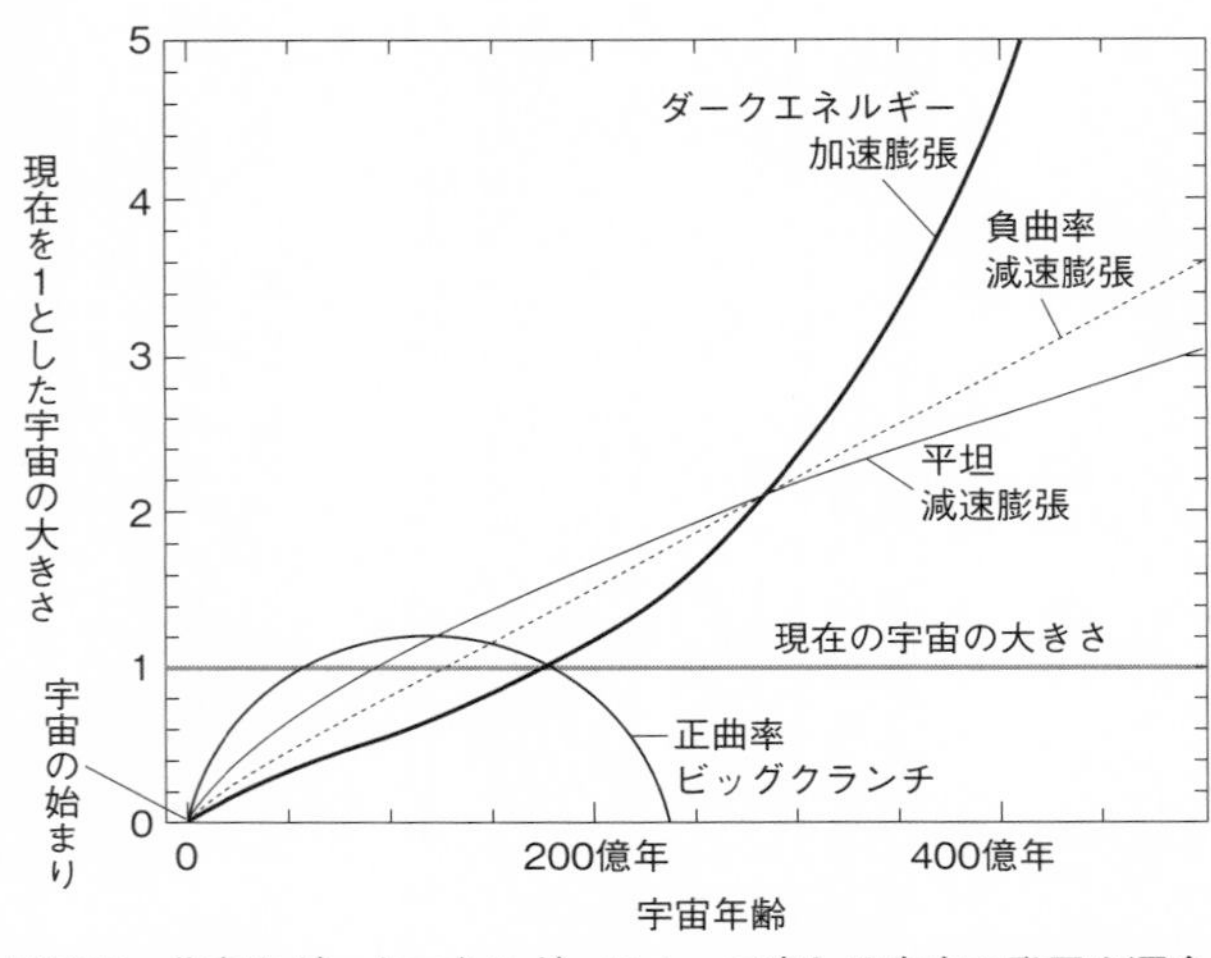

図10-7　曲率やダークエネルギーによって変わる宇宙の発展や運命

ない場合を例にとって、宇宙の発展を考えてみる。そこでは、斥力はなく、引力として働く重力しか存在しない。この場合は、空間の膨張は第8章で述べたように（186頁）、重力の影響で時々刻々と遅くなっていく。減速膨張である。物質の量が多ければ、重力が強く、少ない場合に比べて膨張の遅くなり方が急激になる。膨張の仕方が、物質量で変わってくるのである。

さらに宇宙のこれからの発展、そして運命も、物質量、そしてそれに関係する空間の曲率によって別なものとなる。空間が減速をしながらも永遠に膨張を続けるか、やがて膨張が止まり収縮に転じて最終的には1点につぶれてしまう（ビッグクランチ）かの2つの可能性があるのだ。物質の量が少なければ重力が弱いために、前者の永遠の膨張になる。物質の量が多ければ重力が強く、後者になる。物質の量が少なく重力が弱ければ、空間の曲がりも小さい。負曲率かちょうど曲率が0で平坦の場合が前者に相当する。一方、物質の重力によって正曲率になっていれば、後者だ。曲率の符号を測定できれば、宇宙の運命がわかる、というわけである（図10-7）。

一方、ダークエネルギーが存在すれば、宇宙の発展は大きく変わる。ダークエネルギーによって、膨張が加速されるので、インフレーションの時期と同様に倍々ゲームで空間が広がっていく。ダークエネルギーがある程度以上存在していれば、物質の量や曲率によらずに、永遠の膨張が実現するのである。

宇宙マイクロ波背景放射の温度ゆらぎには、物質の量や空間の曲率の情報、すなわち宇宙の発展、そして運命という、まさに宇宙を解くカギが潜んでいたのである。次章以降は、ＣＯＢＥ／ＤＭＲ以降の温度ゆらぎの観測と、それによって明らかになってきた宇宙の姿について、述べていくこととする。

第11章 熾烈な競争

ＣＯＢＥ衛星によって、初めて宇宙マイクロ波背景放射の温度ゆらぎが発見されたことで、より詳細な温度ゆらぎ観測の機運がにわかに高まった。それ以前は、温度ゆらぎが実際にどれだけ宇宙マイクロ波背景放射の中に存在しているかわかっていなかった。ゆらぎの大きさがわかっていなかったのである。そのため、いったいどこまで測定感度の良い観測をしなければならないのか、手探り状態であった。それがCOBE／DMRによる発見で、ターゲットが明確になったのである。

一方で、DMRは、空の7度以下を分解することのできないピンボケ望遠鏡であった。前章で解説した宇宙を解くカギは、宇宙交響楽の中に潜んでいる。晴れ上がりの時期の音地平線は空の上でおよそ0・8度に対応する。宇宙交響楽を調べたければ、0・8度より良い角度分解能が必要とされるのだ。DMRではとうてい不可能である。そこで、DMRによる発見のすぐ後から、数多くの観測計画が立案され、実行に移されていった。

宇宙マイクロ波背景放射の温度ゆらぎを測定するためには、非常に高い感度、高い角度分解能で、複数の波長（振動数）で観測する必要がある。まず、感度と角度分解能について改めて確認しておこう。感度については、DMRの結果から、10万分の1のゆらぎの測定ができることが必要条件である。10万分の1を精密に測定するためには、その10倍、100万分の1程度のゆらぎの測定感度がないといけない。これでようやく信号に対して10％の雑音というわけである。信号（シグナル）に対する雑音（ノイズ）の比をS／N比と呼ぶ。この値が高ければ高いほど、信頼できる観測、ということになる。これが感度を表すのである。検出器の性能が良ければ当然感度は良くなる。高いS／N比の観測を実現するためには、性能の良い検出器を搭載するのが一番である。

さらに、検出器が同じであれば、時間をかけて観測すればするほど、S／N比は向上する。観測時間の平方根に比例して良くなっていくことが知られているのである。たとえば、DMRの全天温度分布は、最初の1年間では、S／N比がほぼ1程度であった。このことは、空の各点での見かけの温度の凸凹が、本当の信号なのか、それとも雑音なのか判別できないということを意味している。ただし、これはけっしてDMRが38万年の時代のゆらぎを見ているかどうかわからない、という意味ではない。空の各点でのゆらぎが雑音かビッグバンの温度ゆらぎかはわからなくても、それを集めてくれば、その点の数だけ全体としては統計上の感度が良くなるからである。つまり、観測時間だけでなく、観測点を増やせば増やすだけ、全体の感度は上がるのである。なお、DMRであるが、最終的には4年間データを集め続けたことで各点でのS／N比は2を超えるに至ったのである。

次に角度分解能である。空の上で0・8度に対応する音地平線を分解し、中に隠された宇宙を解くカギを引き出すためには、観測の角度分解能として、その数倍、たとえば、0・2度程度は必要となる。このことによって、宇宙交響楽の基音となる0・8度だけでなく、2倍音の0・4度、3倍音の0・3度、そして4倍音の0・2度まで測定可能となるのである。角度分解能は、観測する波長と関係している。波長が短いほど、波としての広がりが小さくなる。そのため角度分解能を良くすることが可能となるのである。

観測する波長が複数必要な理由は、宇宙マイクロ波背景放射以外の電波放射が宇宙には存在するからである。DMRが9・6㎜、5・7㎜、3・3㎜という3つの波長で観測したのも、それら余分な電波放射を除去し、宇宙マイクロ波背景放射を抽出するためだった（第7章154頁）。以下では、この宇宙マイクロ波背景放射以外の電波放射について、少し詳しく見ていこう。

宇宙マイクロ波背景放射と同じ波長域に存在するほかの電波の中でも、天の川銀河が放射する電波は非常に強度が大きいことで知られる。しかし、幸いなことに、これら天の川銀河起源の電波は、宇宙マイクロ波背景放射とは、波長に対する振る舞いが異なる。

たとえば、星が一生を終える際に放射されたダストは、わずかに温められることで、宇宙マイクロ波背景放射よりも短い波長の電波を多く出す。これはダストの温度が十数Kと、宇宙マイクロ波背景放射の温度よりも高温なためである。

一方、シンクロトロン放射と呼ばれる、天の川銀河の中にある磁場に電子が巻きつくことで放射される電波は、長い波長の電波を放射する。

ダスト、シンクロトロンの両者の放射の影響がちょうどどちらも小さいのが、数㎜の波長である。ここが狙い目、ということになる。1㎝よりも長ければ、シンクロトロン放射が、1㎜よりも短ければダストからの放射が強くなりすぎて、温度ゆらぎを測定することはきわめて困難になるのだ。そのため、宇宙マイクロ波背景放射の観測は、通常は数㎜の波長で行う。

しかし、ここでもし1つの波長だけで観測していたら、測定される電波のうち、どれだけが宇宙マイクロ波背景放射で、どれだけがシンクロトロン放射やダスト放射であるかはわからない。複数の波長で測定することで初めて、シンクロトロン成分、ダスト成分をさっ引くことが可能となるのである。波長が長いほうから短いほうに測定データを並べて、減少していく成分はシンクロトロン放射、増加していくのがダスト放射、そして波長によらず変わらないのが宇宙マイクロ波背景放射の温度ゆらぎ成分というわけである。

宇宙マイクロ波背景放射観測の3つの手段

宇宙マイクロ波背景放射の観測は大気に含まれる水蒸気の影響を大きく受ける。DMRが測定した10万分の1というわずかなゆらぎを、さらに精度良く観測するためには、従来の電波観測の方法では不可能であった。水蒸気の影響を徹底的に避ける必要があったのだ。そのために、3つの手段がとられた。1番目は、地上でも水蒸気の少ない場所を探して、そこに電波望遠鏡を設置して観測することである。2番目は気球を用いて上空30㎞から40㎞のところで観測することだ。

そこでは大気の量、そして水蒸気が格段に少ない。3番目、そして究極の方法が、COBEと同様に、宇宙へ出て観測することである。

この3つの方法は、それぞれ利点と欠点がある。地上からの観測は、観測時間を長く取れる、という利点がある。感度の点で有利というわけだ。また電波検出器などの観測装置の交換、アップグレードも容易である。一方で、ほかの方法に比べて、水蒸気の影響は完全には除去できない。観測の適地が少なく、また居住環境として厳しいのも欠点といえよう。現在、宇宙マイクロ波背景放射のような波長の短い電波領域での観測が活発に行われているのが、チリの高地にあるアタカマ砂漠と南極の2ヵ所である。

前者のアタカマ砂漠は地球上で最も火星に近い場所、として知られている。標高5000mにも達し（ハワイのすばる望遠鏡は4200m）、きわめて乾燥しているために、宇宙マイクロ波背景放射のみならず、波長がミリからサブミリの電波観測の好地として知られる。現在は、ALMAという望遠鏡群が設置され、惑星形成の現場を捉えるなどの研究成果をあげている。

後者の南極は気温が低いことから非常に乾燥しており、水蒸気の影響がきわめて少ない。南極点には米国の持つ基地があり、そこでは宇宙マイクロ波背景放射の観測はもとより、厚い氷をターゲットにしたニュートリノ測定実験などの科学実験が行われている。なお、南極点での観測計画が認められると、そこまでのアクセスは米国空軍が担うとのこと、今の時代、犬ゾリで行くこ

アタカマ砂漠にあるALMA（国立天文台）

気球を使った宇宙マイクロ波背景放射の観測(BOOMERanG)

COBE衛星（NASA）

とはないので心配しないでほしい。

2番目の気球は、水蒸気の影響が少ないこと、比較的安価で、短期間に開発・打ち上げができることが利点である。一方、観測時間がほかの2つの方法に比べて圧倒的に短いことが欠点となる。通常は1回のフライトで10時間程度しか観測できないのである。地上での1年間の観測は、夜の間だけであっても、3000時間を超える。気球は観測時間の点だけからは、S／N比にして、3000÷10の平方根、つまり20倍近くも不利なのである。

3番目の宇宙での観測は、大気・水蒸気の影響を完全にシャットアウトできることが最大の利点である。観測時間も年の単位で行うことが可能である。また、地上の1ヵ所では実現不可能な全天観測を行うことができる。地上では、南半球、北半球、おのおの見える空の領域が異なるのである。一方、宇宙での観測の欠点は、コストの高さと準備期間の長さである。COBE衛星は提案から実現まで15年を要した。また、いったん打ち上げてしまうと、装置の不具合などを修正することはほぼ不可能である。唯一といって良い例外は、ハッブル宇宙望遠鏡であろうが、そこで行ったスペースシャトルによる修理は新しい望遠鏡を打ち上げるのに匹敵するコストがかかったとのことである。またスペースシャトルが廃止された現在では、そもそも衛星に行くこと自体無理であろう。

ポストＣＯＢＥの観測

ＤＭＲの測定を受けて、まず短期間で準備が整う高地と気球での観測が進められた。目指すは、音波モード、つまり宇宙交響楽の測定である。１９９０年代に行われたこうした実験の代表的なものに、チリの高地で行ったＴＯＣＯやＣＢＩ、南極で行ったPython、ＤＡＳＩ、気球によるＭＡＸＩＭＡ、ＱＭＡＰなどが挙げられる。

ＣＯＢＥ以後の実験の中でも特に重要なのはBOOMERanG（ブーメラン）（２４０頁中段写真）実験だ。イタリアと米国の共同実験は、ブーメランの愛称にふさわしく、巨大気球を用いて１９９８年の年末から翌年の1月に南極を11日かけて周回し、２５９時間という通常の気球実験では考えられない観測時間を実現した計画である。

観測に用いた波長は０・７５㎜、１・２５㎜、２・０㎜、３・３㎜であり、角度分解能はおのおのの波長に対応して、０・０９３度、０・０９８度、０・０７２度、０・１３度であった。先に述べたように、波長が短いほうが、より細かい構造を見ることが容易になり角度分解能が高くなる。この角度分解能はＣＯＢＥ／ＤＭＲの約40倍にも達するものであり、音地平線に対応する０・８度を問題なく分解することが可能であった。結果としてブーメランは、宇宙の晴れ上がりに鳴り響く音の基音成分を測定することに明確に成功したのである。そして、そのサイズから、宇宙空間が平坦か、そこからズレていたとしてもズレは小さい、という重要な結果を導き出したことは画期的であった。

ブーメラン実験の成果は、世界中のメディアに大きく取り上げられ、話題となった。このように、ブーメラン実験を頂点に、気球や高地・南極での観測は大きな成果をあげていった。しかし、それでも観測時間が十分ではなかったこと、また空の一部分しか測定できなかったことなどから、観測の誤差は大きく、完全に満足のいくものではなかった。ＣＯＢＥの次の人工衛星計画が待たれたのである。

衛星計画

ＤＭＲの成果とその後の理論研究の進展により、宇宙マイクロ波背景放射、特にその温度ゆらぎの精密測定の重要性が研究者コミュニティに広く理解されたことから、１９９０年代初めにはＣＯＢＥの次の衛星計画がいくつも提案された。

ヨーロッパではイタリアとフランスから2つの計画が提案された。これは後にプランク(Planck)衛星と呼ばれる計画にまとめられることとなる。そのためイタリアが提案していた比較的波長の長い電波のための測定器とフランスの提案した波長の短い電波のための測定器を両方搭載することとなった。装置全体も複雑で、コスト的にも高いものとなり、打ち上げも２００９年まで遅れることとなる。１９９４年の計画提案から15年が経っており、たまたまＣＯＢＥ衛星と同じだけの準備期間を要したということになる。

ヨーロッパの計画が遅れた理由には、良くも悪くも欧州連合（ＥＵ）という単位で計画が立案、実行される事情がある。欧州合同原子核研究機関（ＣＥＲＮ）に代表されるように、素粒子実験の分野では、一つ一つの実験が巨大化し大きなコストがかかるようになってきた結果、一国で巨大加速器実験を行うことが困難となり、ヨーロッパ各国がお金を出し合って実験を行うという伝統が根付いている。天文学も同様の道をたどっているのである。いまだ一国でプロジェクトを実施できる地力のある米国に対抗するために、ヨーロッパは、地上の天文学を実施するための欧州南天天文台（ＥＳＯ）と、宇宙でのミッションを行うための欧州宇宙機関（ＥＳＡ）を設立した。プランク衛星も、フランスとイタリアの提案をＥＳＡが調整することで、巨大プロジェクトになってしまったのである。計画の名前が、フランスでもイタリアでもなく、ドイツの物理学者、マックス・プランクから取られたこともまた、この計画が妥協の産物であることを示している。

一方の米国では、国内で熾烈な競争が繰り広げられることとなった。３つの衛星計画が、中規模クラス人工衛星計画というＮＡＳＡのカテゴリーに同時に提案されたのである。これはコストを節約することで比較的短時間で打ち上げを可能とするカテゴリーである。この計画のうち1つはメリーランド州にあるNASAゴダード宇宙飛行センターやニュージャージー州にあるプリンストン大学などを中心とした東海岸グループから、2つはNASAジェット推進研究所やカリフォルニア工科大学などの西海岸グループからの提案であった。このとき、COBEのDMRのチームメンバーのうち、ジョージ・スムートは西海岸のプロジェクトの一つに参加し、スムートのもとでゆらぎの解析を実際に行ったカリフォルニア大学ロサンジェルス校のネッド・ライトを含むほかの多くは東海岸のプロジェクトに参加することになったのも、先に述べたDMRの温度ゆらぎの発見時のゴタゴタを反映している。

結局、3つのうちから、東海岸グループによるMAP衛星と名付けられた計画が選ばれた。1996年のことである。このチームの精神的な支柱は、プリンストン大学のデイヴィッド・ウィルキンソン教授であった。彼は、COBEのDMRチームメンバーであるだけでなく、第3章に登場したディッケ教授とプリンストン大学のグループの記念碑的論文「宇宙黒体放射」の著者の一人でもある。まさに創成期から宇宙マイクロ波背景放射の研究に携わってきた巨頭の一人といえる人物であった。そのウィルキンソン教授だが、2001年の衛星打ち上げ後、惜しくも亡くなってしまう。67歳であった。プロジェクトでは、ウィルキンソン教授をしのんで、彼の名字を先頭に冠してWMAP（ダブリュマップ）（Wilkinson Microwave Anisotropy Probe）衛星と名乗ることとなった。なお、

ＷＭＡＰ衛星は、計画の提案が１９９５年、選ばれたのが翌96年、打ち上げが２００１年であり、10年以上かかるのが通常の衛星計画としては破格のスピードで実施に移された。

ここで、ＷＭＡＰに敗れた西海岸グループの主要メンバーは、ヨーロッパのプランク衛星に参加していくこととなる。こうして、２０００年代初頭には、ＣＯＢＥ／ＤＭＲの後継として、ＷＭＡＰ衛星、プランク衛星という２つのプロジェクトがしのぎを削ることとなるのである。

新たなチャレンジ、偏光観測

宇宙マイクロ波背景放射の温度ゆらぎの詳細な観測が重要であることが浸透するとともに、もう一つ、新たな、しかし非常に重要な観測量が存在していることが明らかになってきた。それが偏光である。

光や電波は、電磁波と総称される。電磁波は横波であり、進行方向に直交する方向に振動している。直交する方向は平面となるが、その平面上で一方向だけに振動する波を直線偏光と呼ぶ。偏光板の実験を見たことはないだろうか。偏光板は、そこを通過する電磁波のうち、一方向の振動のみを通過させる。結果として、直線偏光した電磁波を生み出すのだ（図11-1）。一見しただけでは、その電磁波は何も変わったようには見えない。しかし、もう一枚、新たな偏光板を通過

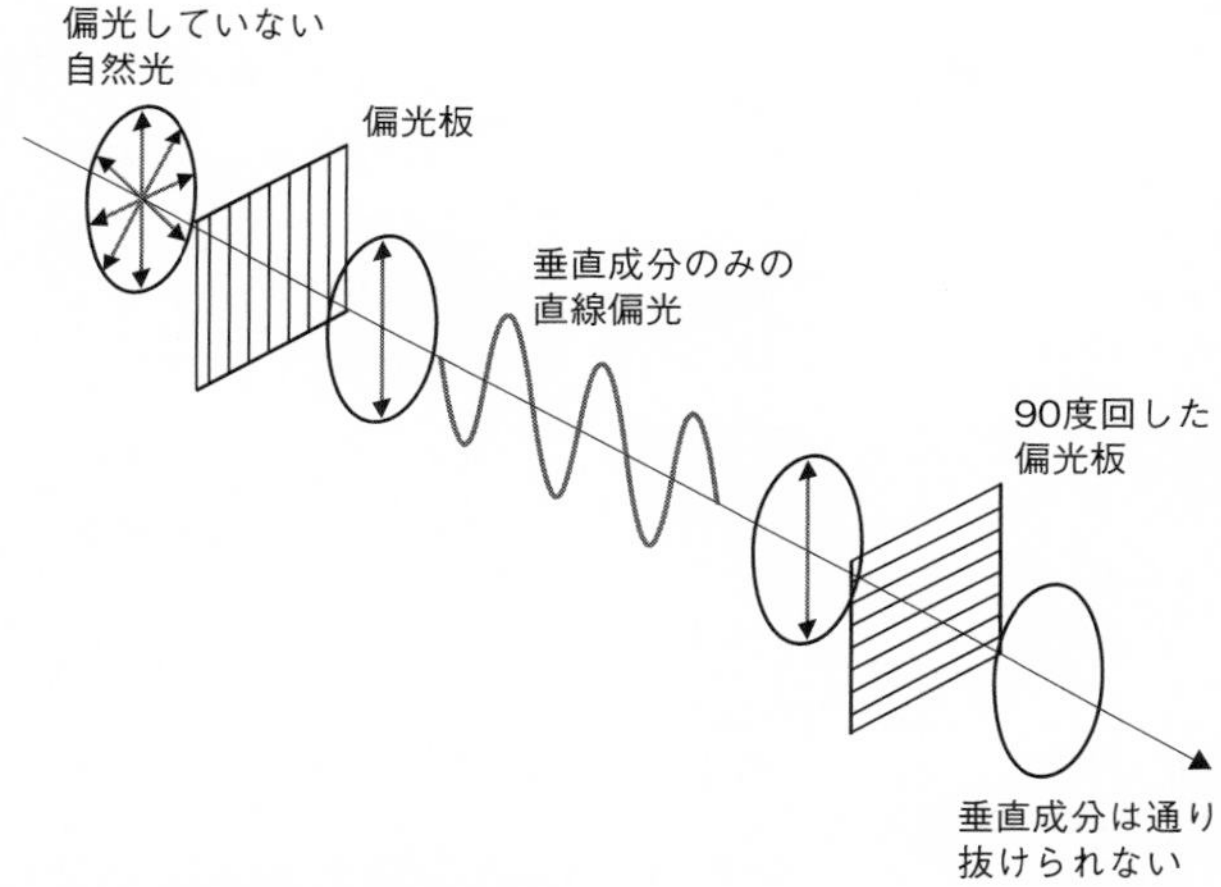

図11-1　偏光板による偏光の生成

させるといっぺんに違いが明らかになる。偏光板を回していくと、透過光はある方向では元と明るさが変わらないが、そこから90度回すと真っ暗になるのである。その方向では、電磁波が通過しないのだ。最初の偏光板によって、一方向に光を「偏らせた」ために、それと直交する方向のみを通す偏光板があると何も通過できなくなるのである。偏光板は、東急ハンズなどで数百円で買えるので、ぜひ一度実験されると良い。

一般に自然光はあらゆる方向の偏光を含んでいる。ある特別な方向に偏光しているわけではない。自然界では、反射と屈折によって偏光を生み出す。たとえば、光がある特別な角度（ブルースター角と呼ぶ）で水に入射すると、反射光が完全に直線偏光する。反射光が

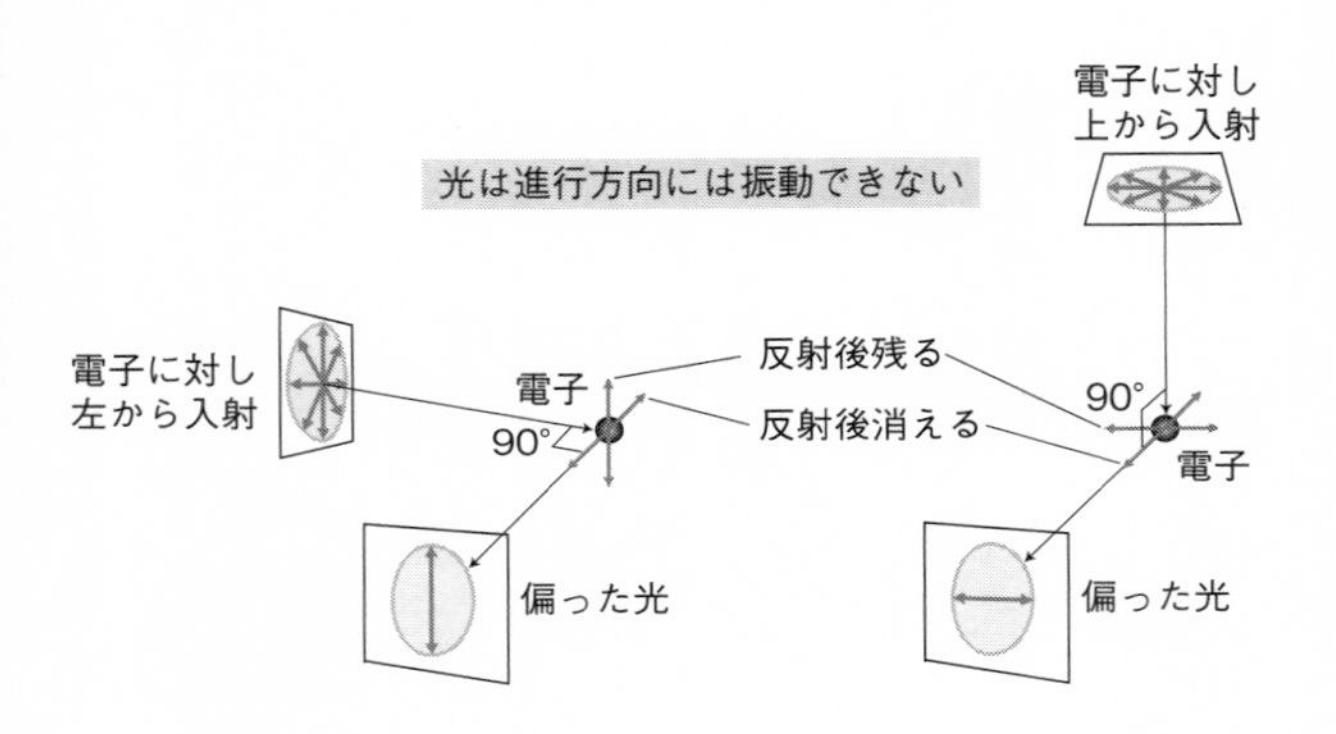

左図：電子に対して左方から入射し、反射して手前に散乱される場合。入射光の横方向（紙面垂直方向）の振動は反射後に進行方向となるため消え、縦方向の光のみに偏光される。電子に対して右方から入射しても同様に縦方向のみに偏光される。
右図：電子に対して上方から入射して、反射して手前に散乱される場合。入射光の縦方向（紙面垂直方向）の振動は反射後に進行方向となるため消え、横方向の光のみに偏光される。電子に対して下方から入射しても同様に横方向のみに偏光される。

図11-2　電子による反射によって生じる偏光

偏光していることから、一方向の偏光しか通さない偏光板を通すと、完全に消えはしないが、一般に反射光は弱まる。反射光が強くてまぶしい海やスキーなどで、偏光サングラスを使う理由である。サングラスやゴーグルに偏光板を使うと、偏光した反射光が弱まり、まぶしさが軽減されるというわけである。

さて、宇宙マイクロ波背景放射も電波、すなわち電磁波であることから、偏光する可能性がある。その偏光は、やはり反射（散乱）によって生み出される。図11-2（左）にあるように、電子に対して光が左からやってきて、手前に向けて散乱される場合を考えよう。入ってくる光はあらゆる方向の偏光を含んでいる。その偏光は、進行方向垂直、すなわち紙面の上下と、それに垂直、すなわち紙面に対して手前と向こう側に分けることができる。この光が電子に衝突して、手前に向けて散乱されるとどうなるだろうか。上下方向の振動は残る。しかし、手前・向こう側成分は、散乱によって進行方向に変えられてしまう。結果としてそちらにはもはや振動できないこととなる。上下方向のみの直線偏光の出来上がり、というわけだ。電子に対して、逆に右からやってきた光も、同様に電子に散乱されて上下方向の直線偏光となる。さらに、電子に対して上から光がやってくる場合では（図11-2右）、電子で手前に散乱されると左右方向の直線偏光となることがわかるだろう。下からでも同様である。

宇宙マイクロ波背景放射は、電子に対してあらゆる方向からやってくる。もし完全に方向によらず強度が同じであれば、偏光は残らない。しかし、右から来る光と左からの光が強く、上から来る光と下からの光が弱いと仮定してみると、話は異なってくる。左右からの光はどちらも散乱後は上下方向の偏光成分が残る。上下からの光は、散乱後は左右だ。どちらの強度も同じであれば、偏りを打ち消してしまう。しかし、左右から来る光のほうが上と下からの光よりも強ければ、散乱後は上下の偏光が残ることになるのである。宇宙マイクロ波背景放射にある左右と上下の間の強度の差、すなわち温度ゆらぎが、偏光を生み出すのだ。このような左右、上下の違いを四重極モーメント（第7章、165頁の多重極展開における、空の4分割、$\ell=2$に対応）と呼ぶ。

温度ゆらぎの四重極モーメントは、ほかのゆらぎの成分と同様に宇宙マイクロ波背景放射の強度に対して10万分の1程度である。10万分の1が散乱して生み出すので、散乱する割合（10分の1ほど）がそれにさらに加わって、一般に、宇宙マイクロ波背景放射は100万分の1程度の偏光を持っていることが予想されるのだ。

温度ゆらぎよりも10分の1程度しかないので、偏光の測定はさらに困難を極めることになる。しかし、その困難さを加味しても、測定することで2つの非常に価値のある情報を得ることが期待できるため、偏光観測は宇宙マイクロ波背景放射の観測の次の重要なターゲットとなった。2つとは、インフレーションと宇宙最初期の星形成である。

偏光は電子による散乱で生じる。晴れ上がりまでは、宇宙空間に電子が多量に存在していたために、偏光は温度ゆらぎと共に生成されていた。しかし、38万年の時代に電子が陽子に取り込まれて、晴れ上がりが生じると、電子がいなくなり偏光がそれ以上生成されなくなる。それから数億年を経て、最初の星が宇宙で誕生すると状況が変わる。星からの紫外線によって水素が陽子と電子に再び分解されるのだ。これを再電離と呼ぶ。再電離が起きれば、電子が宇宙空間に放出されるので、偏光が新たに生じることとなる。偏光によって、宇宙の再電離、すなわち最初期星形成に迫ることができるのである。

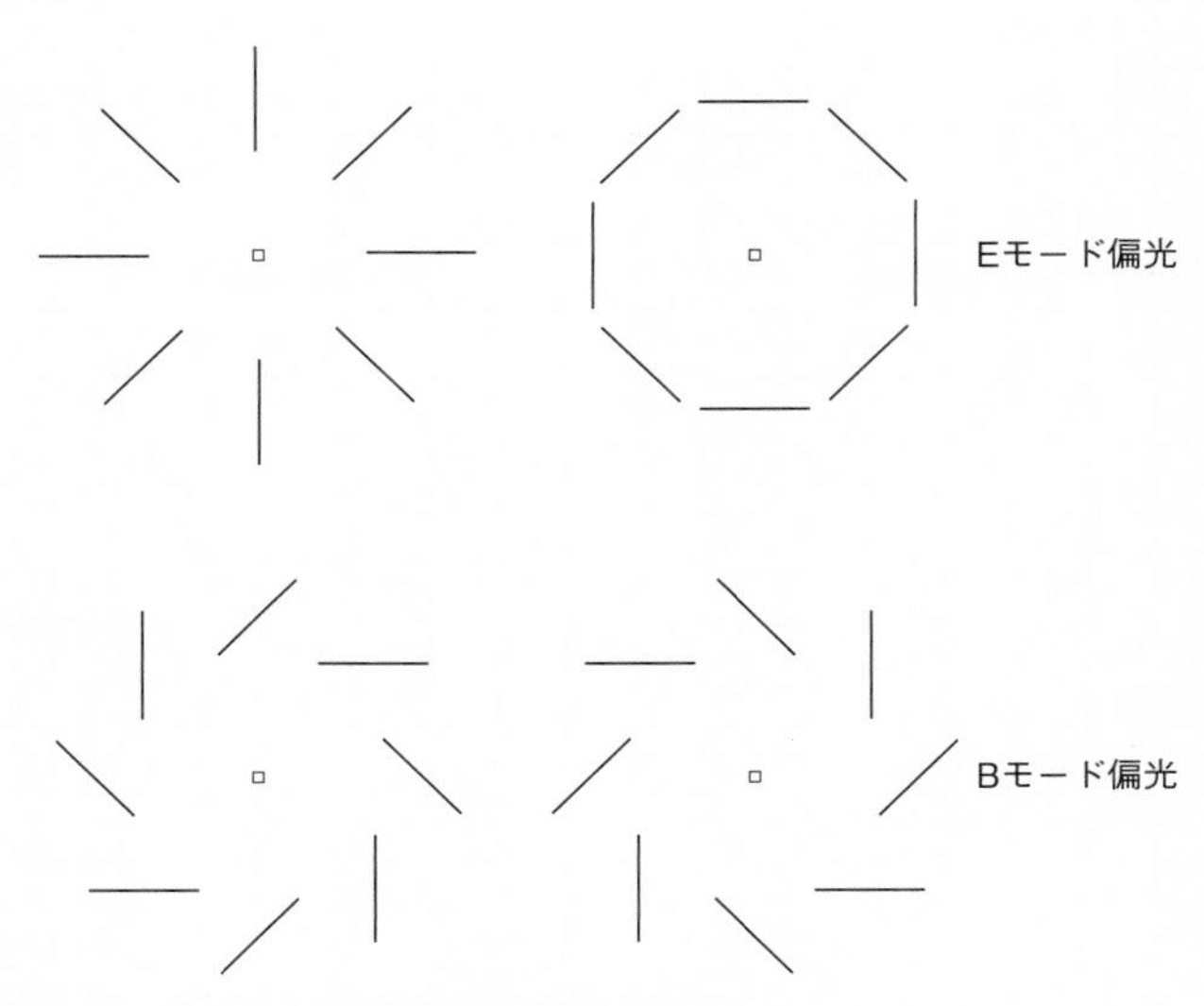

図11-3　Eモード偏光とBモード偏光の例

インフレーションに対する情報はさらに重要なものである。第6章（136頁）で述べたように、インフレーションは構造の種となるゆらぎを生み出す。それは、おのおのの場所で密度の凸凹として現れる。一般相対性理論では、物質が集まっていると重力が強くなり、空間の曲がりが生じる。インフレーションは、空間の曲がりのゆらぎを生み出すのである。

空間の曲がりには、密度ゆらぎと関係するその場所での凸凹以外に、空間を伝播していく成分がある。それが重力波だ。インフレーションは、重力波も作り出すと期待されるのである。この重力波には、物質を集めるような働きはない。しかし、一方で空間を歪めることから、宇宙マイクロ波背景放射の温度分布に四重極子成分のゆらぎを生じるのである。これが偏光の源となる。重力波は偏光を生み出すのだ。

重力波を起源とする偏光には、通常の温度ゆらぎの四重極子成分からの偏光と決定的な違いが生じる。通常であれば、生成される偏光のパターンは、図11-3（上）にあるように、鏡に映しても変わらない。これをEモードと呼ぶ。しかし、重力波起源であると、右手と左手のように、鏡に映すと変わってしまうものも生み出すのである。これをBモードと呼ぶ。Bモード偏光を見つけ出せば、インフレーション起源の重力波を捕まえたといえるのである。

インフレーションでのゆらぎの生成理論からは、通常の密度ゆらぎがあれば、重力波が必ず生成され、また密度ゆらぎを詳細に測定できれば、重力波の強度などを予想することが可能である。もし、Bモード偏光を捉えることができれば、重力波の強度や空間パターンがわかり、それがインフレーションの予想と一致するかどうかを検証できるのだ。一致していたら、インフレーション理論の正しさ、すなわちインフレーションの存在の決定的な証拠となる。

インフレーションからの重力波を、宇宙マイクロ波背景放射の偏光成分のパターンとして間接的とはいえ捉えれば、ビッグバンを生み出したインフレーションの証明ができる。となれば、ノーベル賞級の大成果であることは間違いない。Bモード偏光を最初に捕まえる競争が熾烈に繰り広げられているのである。

第12章 WMAP衛星

COBE／DMRによる温度ゆらぎの発見から9年後、2001年に打ち上げられたのがWMAP衛星である。2003年には、最初の1年間分の観測データに基づいて作成した温度ゆらぎ

WMAP衛星（NASA）

の全天マップと、同時にそこから導かれる学術的な成果について、合わせて発表した。その後も観測を続け、最終的には9年間に及ぶ観測データを取得、豊穣なサイエンスの成果を得ることに成功した。本章ではWMAP衛星と、その研究成果について少し詳しく見ていくこととする。

ＷＭＡＰ衛星は３・２㎜、４・９㎜、７・３㎜、９・１㎜、13㎜という5つの波長で観測を行った。これらのうち、長い波長はシンクロトロン放射など天の川銀河から生じる電波成分を測定して、本命の宇宙マイクロ波背景放射の成分と区別、除去するために設けられている。ほかの電波成分に大きくじゃまされることなく、宇宙マイクロ波背景放射がきちんと受かると期待されるのは短いほうの2つの波長、３・２㎜と４・９㎜である。3つしか波長のチャンネルを持っていなかったCOBE／DMRに比べて、天の川成分の除去が格段に向上することが期待できる。

一方で、いちばん短い波長でも、3・2㎜というところにWMAPチームの戦略がうかがえる。これは宇宙マイクロ波背景放射の強度が最大となる2㎜よりは長い波長であり、COBE／DMRの最も短い波長とほぼ同じである。この波長が選ばれたのは、天の川成分が最小であることの優位性や、DMRとの比較ができることなどが挙げられよう。

しかし、これより短い波長での観測を行えば、天の川銀河のダストからの成分をより多く捉えることができるので、その除去に対しては有用である。WMAPはその点については目をつぶったのだ。そこが戦略である。じつはこれより短い波長では、微弱な電波を増幅するための検出器に、長い波長とはまったく別の技術が要求されるのだ。熱雑音を極小にするために、絶対温度0・1Kまで冷やした超伝導状態にある検出器が必要となるのである。そのため、液体ヘリウムを搭載し冷やさなければならなくなる。液体ヘリウムを用いた冷凍機はそれなりの重量があり、宇宙に持っていくコストはばかにならない。また、徐々に蒸発して消費されることから、通常は1〜3年程度で観測ができなくなる、というのも問題である。そこで、「早く・安く」をモットーにしたWMAP衛星では、3・2㎜より短い波長での観測は諦めたのだ。その対価は、ダスト成分の除去が不完全になる、というものだが、天の川銀河からの成分なので、方向はわかっている。天の川の影響が強い空の領域は、解析から取り除けば大きな問題にならない、という公算である。

次に、観測の角度分解能はいちばん短い波長で０・２２度、長い波長で０・８８度であった。短い波長ではＣＯＢＥ／ＤＭＲの角度分解能をここでの角度分解能の定義（正規分布）に換算した値である３・０度と比べると、14倍も良いことがわかる。また、宇宙交響楽を測定するための条件、０・２度程度（第11章２３６頁）も短い波長ではきちんと満たしている。

ＷＭＡＰは感度もＤＭＲに比べ10倍程度良くなっている。感度が10倍良い、ということはＷＭＡＰ衛星の１年間の観測データがＤＭＲの１００年分に相当する、ということになる。感度は時間の平方根に比例するからである。ＤＭＲは最終的に４年間、データを取得したのだが、ＷＭＡＰ衛星であれば０・０４年、すなわちわずか半月でこのクオリティに到達できるのである。

Ｌ２軌道へ

２００１年にデルタⅡロケットによって打ち上げられたＷＭＡＰ衛星は、ＣＯＢＥやほかの人工衛星のような地球を回る軌道には投入されなかった。これまでにない高い精度の観測を実現するために、地球という、電波を多量に出し、周囲に磁気圏を持っていて観測装置に悪影響を及ぼす天体から、遠く離れるという決断をしたのである。

WMAP衛星が向かったのは地球から見て太陽とは反対側、150万km離れたL2という場所である。この場所では、人工衛星は地球との相対位置を変えずに留まっていることが可能となる。なぜなら、そこでは太陽からの重力と地球からの重力、そして1年をかけて1周する公転運動による遠心力が釣り合うからである。力が完全に釣り合っているのだから、その場所では見かけ上は力を受けない。どこの方向に引っ張られることもなく、地球といっしょに1年かけて太陽の周りを回ることになるのだ。このような点をラグランジュ点といい、5つあるうちの1つがL2だ（図12-1）。

このラグランジュ点にある人工衛星は、衛星というよりはむしろ太陽を中心に周回するのだから、人工惑星とでも呼ぶほうが適切なのかもしれない。ただ、本書では、慣例に従ってこれからもWMAP衛星と呼ぶことにする。

なお、ここでの釣り合いは、太陽・地球・WMAP衛星の間に成立しているが、同様の関係が地球・月・衛星の間で成立する地点もある。この場合のL2は、月から見て地球とは反対側にあり、月といっしょに28日ほどをかけて、地球の周りを回ることとなる。地球・月が作るラグランジュ点にスペースコロニーを置く、というアイデアが機動戦士ガンダムで採用されたことは、ファンの間では有名である。

さて、L2に衛星を置くことはいくつかの大きな利点がある。まず先に述べたように、地球と

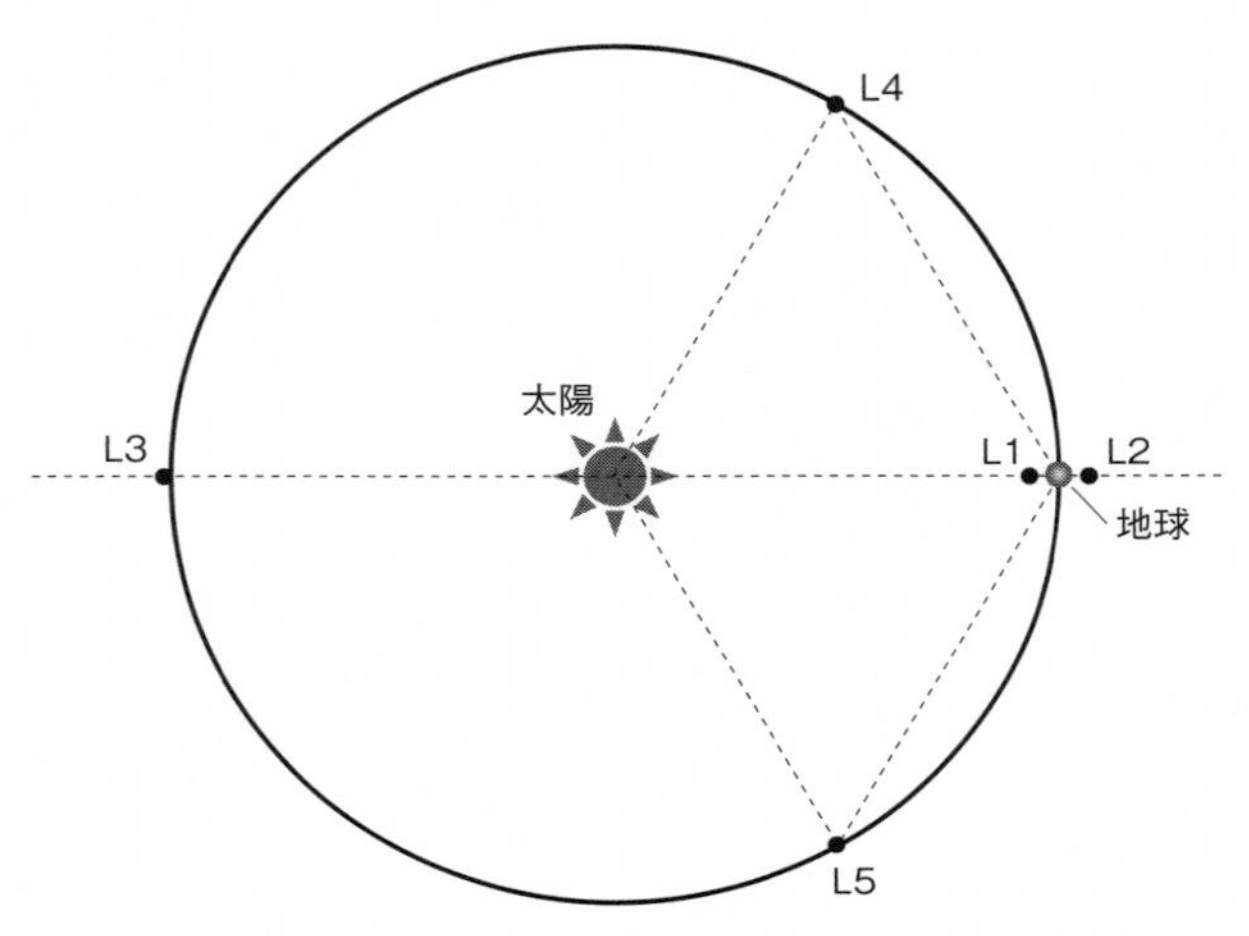

太陽と地球の作るラグランジュ点は、L1とL2は地球から150万kmの距離にあり、L3は地球とは太陽を挟んで反対側、L4とL5は太陽と地球を底辺とした正三角形の頂点の位置にある。

図12-1　ラグランジュ点

いう電波を多量に出している惑星から遠く離れていることである。次の利点は、衛星の姿勢である。つねに一方向は太陽に、そして逆方向は太陽に背を向けるようとることができるのだ。これが可能になるのは、太陽の周りを公転しているからである。このことは観測装置にとっては非常に好都合となる。地球という電波源だけでなく、太陽という光源・電波源・熱源が同じ方向にあるので、そちらだけを見ないようにすれば良いからだ。そうなると、肝心の宇宙のすべてを見渡せるかが気になる。幸い、地球・太陽の方向を見なくても、公転運動により半年で全天を観測することが十分に可能なのだ。さらなる利点として、地球と衛星の位置関係が変わらないことから、距離が遠いとはいっても、通信が容易であることが挙げられる。

Ｌ２は天文観測にとって理想的な場所であり、ＷＭＡＰ衛星は科学的観測を目的とした衛星としては初めてそこでの観測を行うことに成功したのである。通常であれば、多くの燃料を使わなければ到達できないＬ２に、ＷＭＡＰ衛星は月を使ったスウィング・バイを利用して到達することに成功した。スウィング・バイとは、地球や月などの天体の近くを運行することで、それら天体の持っている運動量や角運動量を拝借して、「飛ばして」もらう、という仕掛けである。天体の運動の後ろを通過すると速度が増え、前方を通過すると減少する。ＷＭＡＰ衛星は、月の後ろを通過してスウィング・バイを受けることでＬ２へほぼ１ヵ月かけて到達したのである。

この１ヵ月の間に、ＷＭＡＰ衛星は試験的にではあるが、温度ゆらぎのデータを取得し始めていた。驚くべきことに、このデータだけでも、ＣＯＢＥ／ＤＭＲを含む、これまで得られたどんな実験グループのデータをもしのぐクオリティのものであった。

最初の観測データの発表

Ｌ２に到着後、すぐに観測を開始したＷＭＡＰ衛星が、まずは最初の１年間のデータを蓄積

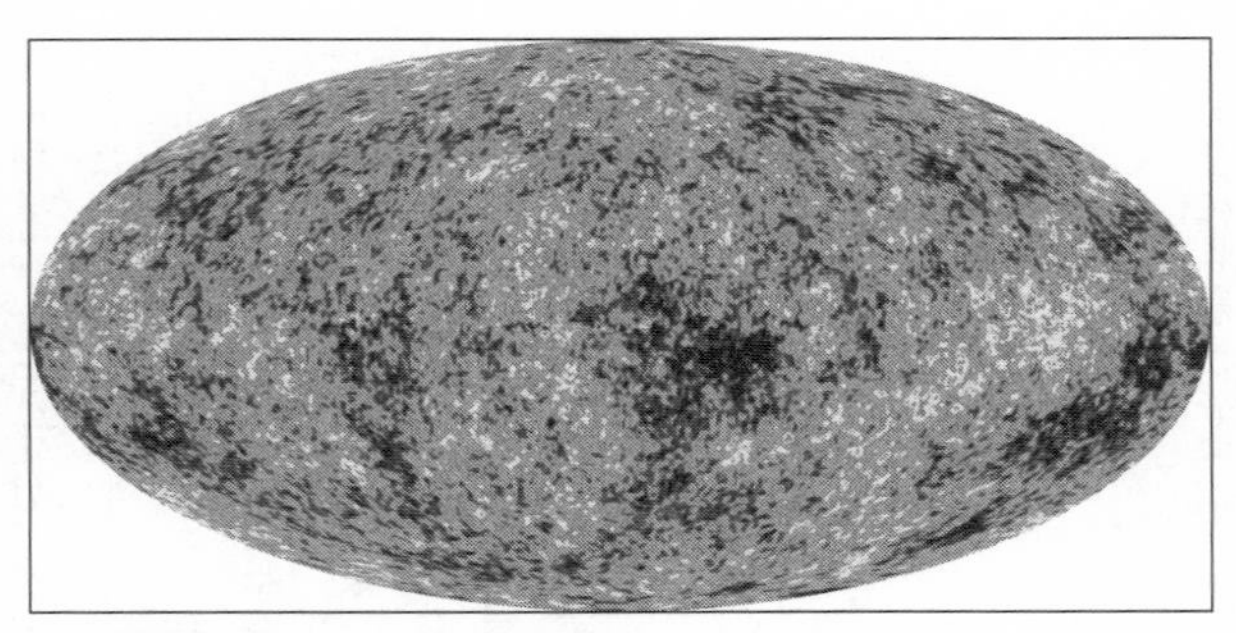

WMAP衛星が捉えた全天の温度分布（NASA）

し、その成果を報告したのが2003年2月のことである。そこでまず度肝を抜かれたのが、COBE／DMRに比べて、驚くほど詳細で美しい全天の温度分布であった。この発表は世界中に同時になされ、日本でも大きく報道された。14倍の角度分解能はダテではないのだ。これだけ細かい構造が見えれば、確かに音地平線の中にあるビッグバンの音波を「聴く」ことが可能となる。WMAPは、明確に3倍音まで捉えることに成功したのである。

もう一つ、DMRの時代と大きく異なったのが、研究者間のニュースの伝達方法と伝達の速さである。DMRのころは、ファックスで論文が新聞社を通じて送られてきた。さもなくば、航空便でも1週間程度、船便だと1ヵ月は論文を入手するのにかかっただろう。WMAP衛星では、記者発表と同時に、インターネット上のアーカイブサイトと呼ばれる、研究者が論文を自主的にアップロードするサイトに一気になんと9本の論文がアップされたのである。専門家の間では、年明けごろに発表がある、という噂は流れていたので、この時期のアナウンスについては、予期はしていたものの、これだけ多くの論文がいちどきに発表されるとは、びっくりさせられたものである。

これは、WMAPチームの戦略であった。COBE／DMRは、成果を発表した直後に、(雑誌にはDMR論文より1号前に掲載された)我々の論文を含め、COBEチーム以外の研究者による論文が数多く発表された。COBEチームの論文が基本的なデータ解析を中心に行っており、サイエンスについては一部、重要な論点だけしか示さなかったので、多くの関連する研究をすることがチーム以外の研究者にとっても可能であったのだ。いちばん大変な衛星の開発、データの解析などに関わることなく、成果の美味しいところだけをいただくことができたのである。

この状況を思い出すと、WMAPとしては、すべてのサイエンスの果実を先に味わいたい、という気持ちがあったとしても当然であろう。さらに、NASAの主導するプロジェクトでの、オープンデータポリシーというデータ公開の原則がこのことに拍車をかける。取得したデータは、独り占めすることなく、一定期間を経たら、広く科学者コミュニティに公開しなければならないのだ。公開したデータによって、プロジェクトのために何の貢献もしていない外部の研究者が、論文を書くことが可能なのである。

そこでWMAP衛星プロジェクトは、実際の衛星の設計や運用などに関わる研究者以外に、強力な理論研究者を加えたチーム編成を行った。その代表がプリンストン大学のデイヴィッド・スパーゲル教授である。彼と、彼の学生や博士研究員を中心としたチームがデータの解析、理論モデルとの比較などを担当し、サイエンスの大きな成果へとつなげたのだ。その中で、大きな成果をあげた一人が小松英一郎だ。実働部隊の中心として活躍して国際的に高く評価され、現在はドイツのマックス・プランク天体物理学研究所の所長を務めている。スパーゲル教授に推薦状を書いたものとして、筆者も鼻が高い。

WMAP衛星の成果

2001年に打ち上げられ、2003年に最初の1年分のデータを解析した結果を発表したWMAPチームだが、2010年8月まで9年間にわたって運用を行い、その最終結果を2012年に発表した。ここでは、WMAP衛星が最終的に得た成果についてまとめていく。

第一の成果として、宇宙マイクロ波背景放射の温度ゆらぎを非常に良い角度分解能、感度で観測できた結果、音波モードの振動である「宇宙交響楽」を詳細に観測できたことが挙げられる。その結果、第10章で述べたように、宇宙に存在する元素量や物質量、ダークエネルギーの量、さらには空間曲率が精密に決定できたのだ。なお、これらの値は、WMAPの測定のみから得られ

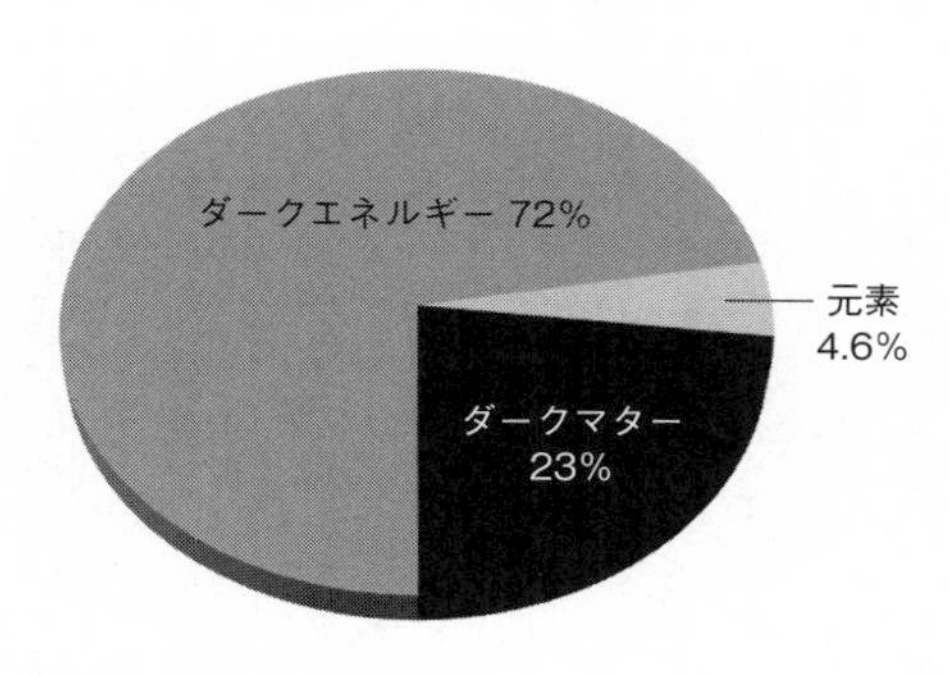

図12-2　WMAPでわかった宇宙の姿

たものと、その他の宇宙論観測と組み合わせて得られたものの両方が論文では与えられている。ここでは、WMAPのみによる値を示すこととする。

まず、宇宙の空間曲率だが、観測データの精度の範囲内では0、つまり平坦であることが明らかになった。曲率が宇宙の発展に及ぼす影響（元素やダークマター、ダークエネルギーと比較して）は、最大限に見積もっても1%以下であることが明確になったのだ。

次に、宇宙を構成する要素である元素、ダークマター、そしてダークエネルギーの割合である。全体を100%とすると、元素は4・6%、ダークマターは23%、ダークエネルギーが72%という値を得た（図12-2）。

さらに、宇宙膨張を決めるハッブル定数の値も精密に得ることに成功した。それは70・0㎞／s／Mpcであった。ハッブル定数に距離をかけると、後退速度が得られる。この一見奇妙な単位は、地球からの距離が1メガパーセク（Mpc）にある天体の後退速度は秒速70・0㎞、ということを意味しているのである。ちなみに、1メガパーセクは、宇宙論でよく出てくる距離の単位であり、光年で表せば326万光年である。

宇宙の曲率、構成要素、さらにはハッブル定数がわかると、宇宙の発展を解くことが可能となる(231頁参照)。宇宙年齢を求めることができるのだ。WMAPが得た宇宙年齢の値は137・4億年であった。

WMAPは、インフレーションの生み出したゆらぎがスケール・フリーか、という問題にも非常に重要な示唆を与える結果を得た。ほぼスケール・フリーだが、ごくわずか、しかし統計的に有意にスケール・フリーからズレていて、大きなスケールのゆらぎのほうが小さなスケールのゆらぎよりも振幅が大きい、という結果を得たのだ。このスケール・フリーからのわずかなズレは、インフレーションのモデルに対して決定的ともいえる情報となる。スケール・フリーは、厳密には、インフレーションが永遠に続く場合に実現するからである。インフレーションが時間発展し、いつかは終わったことを私たちは知っている。さもなくば、宇宙は空っぽになってしまうからである。このスケール・フリーからのズレは、インフレーションがどのように進んだかの情報を与えてくれるのだ。

ＷＭＡＰ衛星は、宇宙マイクロ波背景放射の偏光についても、全天のデータを取得した最初のプロジェクトとなった。このときまでに、南極などで行われている実験によって、偏光そのものは測定されていた。しかしＷＭＡＰはそれまでにない高い質のデータを取得することに成功したのである。ただし、そこで得られたのは通常の温度ゆらぎと同じ起源を持つＥモードの偏光のみであった。インフレーション時に生成された重力波が起源のＢモードについては、上限（存在するとしてもその値以下）が求められたのみであった。Ｂモードが測定できなかったことから、重力波によるゆらぎは、通常の密度ゆらぎに比べて、最大でも13％以下であることをＷＭＡＰは明らかにした。

一方、Ｅモードの偏光を測定できたことから、ＷＭＡＰは、宇宙の光学的厚みと呼ばれる量を詳細に測定することに成功した。宇宙誕生後38万年の時代に陽子が電子を捉え、水素原子となることで生じたのが晴れ上がりである。このとき以降、宇宙空間には電子や陽子の数が激減し、宇宙空間は中性化した。その後、最初の星が生まれると、そこからの紫外線によって宇宙空間に存在していた水素が再び電離する再電離が起きる（２５０頁参照）。電子が再び大量に宇宙空間に供給されたのである。晴れ上がりから現在まで、宇宙空間を旅してきた宇宙マイクロ波背景放射が、この再電離からの電子と衝突すると、温度ゆらぎの信号が弱くなる。衝突による散乱でぼやけるからだ。一方で、偏光成分がこの衝突・散乱で新たに生み出される。このぼやけ具合と偏光成分から、宇宙マイクロ波背景放射が再電離のところを通過する際に、どれだけ散乱されたのかがわかるのだ。この散乱の割合が光学的厚みである。たとえば、厚みが0・1とは、10％の宇宙マイクロ波背景放射が再電離からの電子と衝突・散乱したことを意味する。

光学的厚みについて、WMAPがその最初の1年間のデータを解析した結果は、衝撃的なものであった。光学的厚みが17％という値を報告したのである。17％というのは、それまでの常識に比してとてつもなく大きな値であった。大きい、ということは宇宙の再電離がこれまで考えられていたよりも、宇宙の早い時期に起きたことを意味する。最初の星の誕生が活発に起きた時代が、宇宙誕生後数億年だと思っていたのが、一挙に数倍前、1億年を切るぐらいまで遡る、というのである。どうやってそんな早い時期に星を誕生させるのか、普通に考えたら不可能、という答えしか出てこない。WMAPが提供してくれた、きわめて大きな謎である。こうなれば、筆者のような理論研究者の出番である。私自身、この結果に大いに触発されて、少々怪しげな可能性の提案・検討を含め、論文を複数本執筆した。

だが、光学的厚みの17％という値は、WMAPチームが新しいデータ解析結果を報告するたびに下がっていった。せっかく論文を書いた私としては、非常に残念であった。とうとう9年間のデータをすべて使った解析では、8・9％という当初の半分の値となってしまったのである。この値は、宇宙での星形成史でこれまで信じられていたものとよく一致する。もはや大きな謎とはいえなくなってしまったのである。理論研究者が観測結果に踊らされた実例の一つといえよう。

第13章 プランク衛星、そして未来へ

ＷＭＡＰ衛星は、宇宙マイクロ波背景放射の温度ゆらぎに含まれる音波モードを詳細に測定することに成功し、宇宙の構成要素の割合を詳細に決定するなど大きな成果をあげた。しかし、一

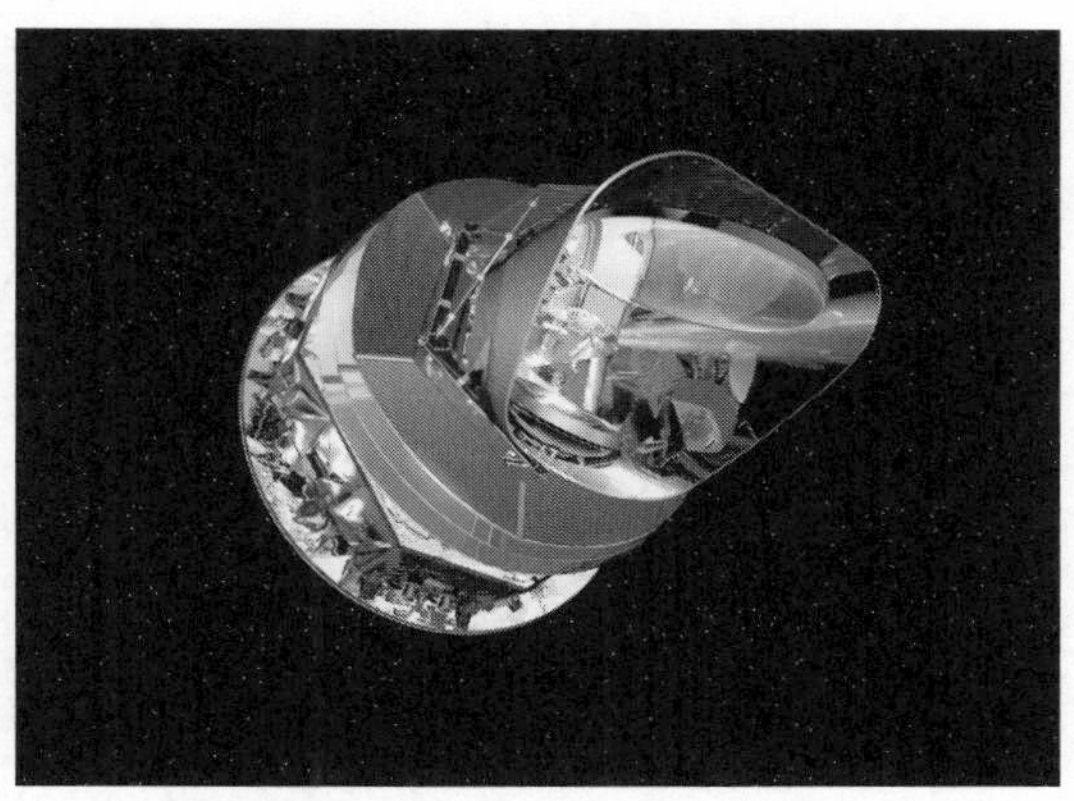

プランク衛星（ESA）

方で、限られた波長での観測であり、また角度分解能も、シルク減衰を分解できるほどまでは達していなかった。さらに、偏光観測では、Bモードを発見することはかなわなかったのである。そこで、WMAP衛星をしのぐ観測計画が続々と立案され、実行に移されていくこととなった。その中の本命が、プランク衛星計画である。

WMAP衛星に遅れること8年、2009年に打ち上げられたのが欧州宇宙機関（ESA）が主導するプランク衛星だ。WMAP衛星と同様にL2での観測を4年以上の期間にわたって実施した。イタリアとフランスが提案した2つのプロジェクトを合体させた関係もあり、長波長と短波長を担当する2つの検出器が搭載された。これによりWMAP衛星の5波長に比べて、プランク衛星は9波長での測定を実現したのである。

観測装置を絶対温度0・1Kまで冷やしたことから、熱による雑音が非常に少なく、角度分解能の良い短い波長での観測の感度がWMAP衛星に比べて大幅に改善された。その結果、実質的な角度分解能はWMAP衛星よりも2倍近くも良いものとなったのである。このことにより、音波モードもWMAP衛星では3倍振動までだったのが、シルク減衰の効果もはっきりと現れる7倍振動までも確認することが可能となった。

多くの波長、とりわけWMAP衛星が持っていなかった短波長で観測する能力の恩恵を最も受けたのは、偏光観測である。偏光は天の川銀河のダストからの寄与が大きく、私たちが知りたい初期宇宙起源の成分を分離することが困難なことが多い。プランク衛星にはじゃまなダスト成分からの放射を主に受ける短波長での検出器があるために、ダストの空間分布を得ることができた。ダスト成分の除去が比較的容易となったのである。プランク衛星は通常のEモード偏光については、WMAPよりもさらに精度良く決定することに成功した。しかし、インフレーションの重力波を起源とするBモード偏光についての発見は、残念ながらこれまで聞こえてきていない。

プランク衛星が得た宇宙の組成比は、元素4・9%、ダークマター26・6%、ダークエネルギー68・5%であった。曲率は平坦を示している。ハッブル定数の値は67・4㎞/s/Mpcで、これらから得られる宇宙年齢は137・97億年となった（図13-1）。

これら組成比は、WMAP衛星とは少しズレている。ダークマターが若干多めで、その分ダー

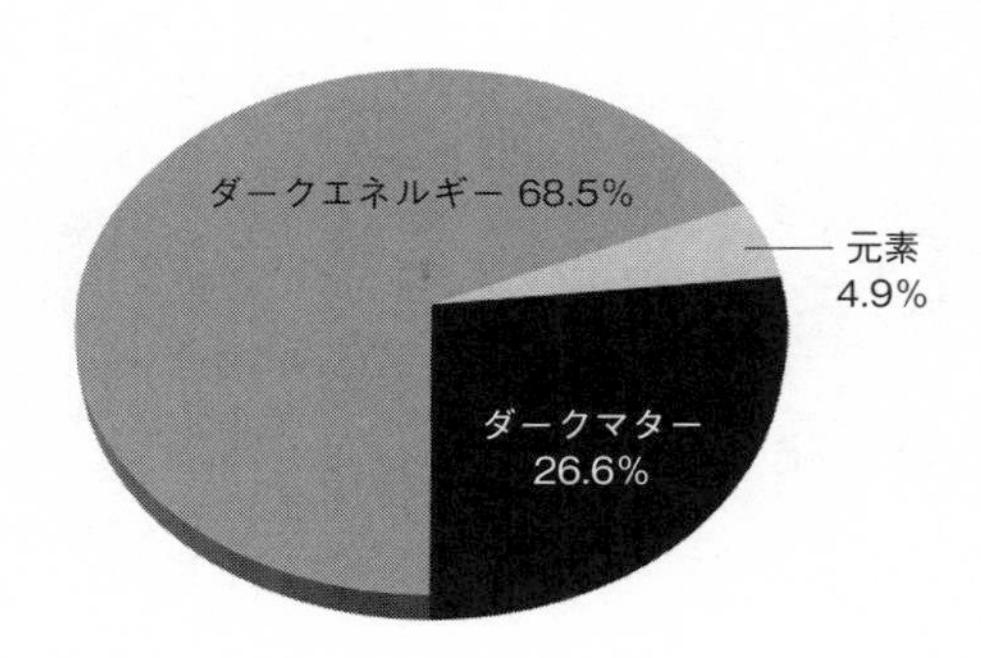

図13-1　プランク衛星でわかった宇宙の姿

クエネルギーが減っている。しかし、宇宙年齢はほとんど変化がないことに注目されたい。四捨五入して、ＷＭＡＰ衛星で１３７億年だったものが、プランク衛星では１３８億年になったというのである。プランク衛星が最初の結果を発表したときのマスコミの記事の見出しが「宇宙の年齢１億歳延びる」であったのは、研究者からすると奇妙であった。誤差の範囲内で、両者は一致している。わずかな宇宙年齢の違いに注目が集まったのである。

　偏光観測から導かれた宇宙の光学的厚みは５・４％と、ＷＭＡＰ衛星の８・９％よりもさらに小さい値であった。ＷＭＡＰ衛星の偏光観測は、短波長でのデータを持っていない。結果としてダストの除去が完全でない可能性があることから、プランク衛星のほうが信頼できると

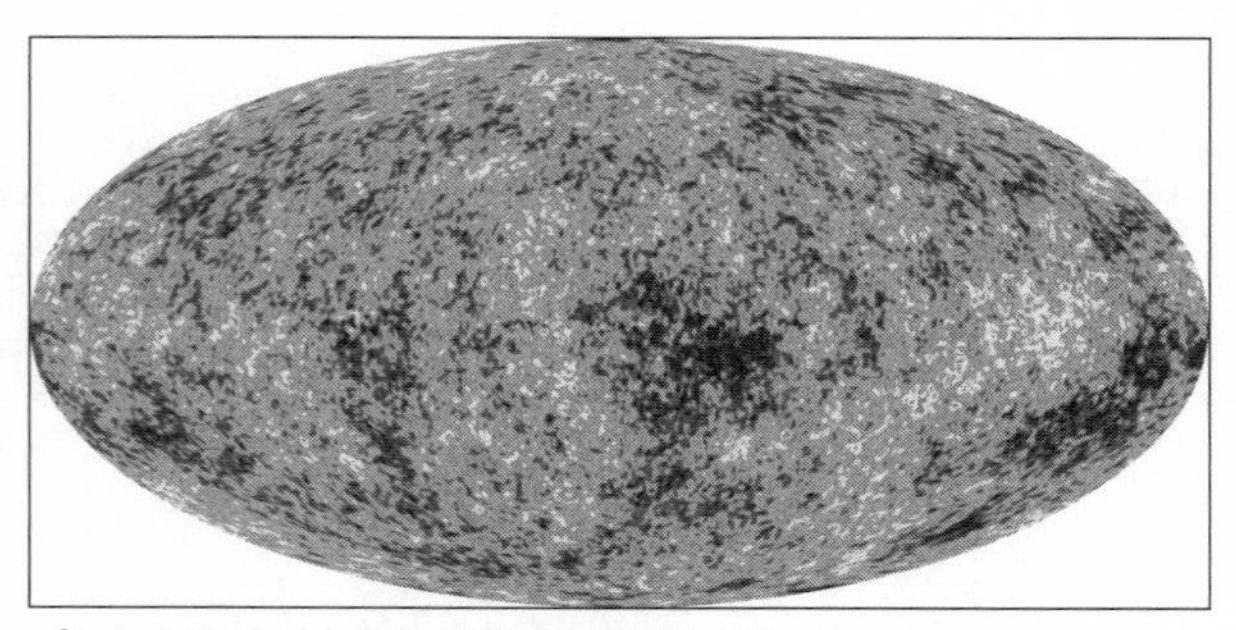

プランク衛星が捉えた全天の温度分布（ESA）

考えられている。この値は現在観測されている最も遠方、すなわち最も過去の銀河からの紫外線によって、宇宙の再電離が生み出されたと考えて矛盾はない。我々人類は、すでに宇宙最初の星や銀河の誕生を目にしているのかもしれない。

プランク衛星は、ＷＭＡＰ衛星に比べ、より究極を追求したがために、観測装置が複雑化し、予算も膨らみ、結果として打ち上げまでにも時間がかかることになってしまった。関係する研究者の数も両者では1桁違う。たとえば、ＷＭＡＰ衛星の最初の成果の論文の著者はわずか21名、それに対してプランク衛星は２７４名である。プランク衛星は当初の目的は達成し、美しい温度ゆらぎの全天マップを作成することに成功し、ＷＭＡＰ衛星に比べてもさらに精度良く宇宙の組成比などの宇宙論にとって重要な情報を決定することができた。しかし、一方でまた、「美味しいところ」は、８年も先に打ち上げられたＷＭＡＰ衛星に持っていかれたというのも事実であろう。逆にＷＭＡＰ衛星の結果を知って、そこからプロジェクトの詳細を詰めたとしたら、おそらくもっと偏光観測に特化した仕様になっていたに違いない。残念ながらいったん走り出したプロジェクトの詳細を変更することはスペース・ミッションの場合にはきわめて困難だ。その意味では、「早く、安く」を追求したＷＭＡＰ衛星の作戦勝ち、といえるのではないだろうか。

そして未来へ

当初は、空想の産物とも思われたビッグバンは、宇宙マイクロ波背景放射の発見によって、科学的事実として認められるに至った。宇宙マイクロ波背景放射に見られる温度ゆらぎは、ゆらぎを生み出した宇宙最初期のインフレーションと、銀河や銀河団、宇宙大規模構造など多様な構造が存在する現在の宇宙をつなぐミッシングリンクとも呼ぶことのできる存在であった。

ＣＯＢＥ衛星のＤＭＲ検出器によって初めて温度ゆらぎが発見され、ＷＭＡＰ衛星、プランク衛星などの成果によって、温度ゆらぎはきわめて詳細に測定されるに至った。その結果、インフレーションの存在を示唆するのみならず、音波モードの観測から、宇宙の組成比などが精密に決定できるようになったことは大きな進歩だ。ここに精密宇宙論の時代が幕を開けたのである。

残された明確な課題は、偏光、特にインフレーション時に生成されたであろう重力波と関係したBモードの偏光の測定である。現在、Bモード偏光の初検出を目指して多くの計画がしのぎを削っている。多くの実験が、地上の観測条件の良い場所で実施されている。水蒸気量が少ない観測条件の良い観測場所として利用されているのは、現在のところ南極とチリのアタカマ砂漠である。偏光測定に特化していること、超伝導素子を用いた検出器（小さいアンテナを2次元的に並べるアレイ化の手法が使われている）の性能が向上していることなどから、すでに、WMAP衛星やプランク衛星をしのぐ感度を実現している。

そんな中、2014年には、ビッグニュースが飛び込んできた。南極点で行っているBICEP2という実験が、Bモード偏光を捉えた、と大々的に記者発表を行ったのである。これが本当なら、インフレーション理論の検証につながる大発見である。日本を含む世界中で大きく報道された。この結果を信じると、重力波によるゆらぎは通常の密度ゆらぎに対して15%から27%の範囲に68%の確率であるという。WMAP衛星の得た13%以下という結果とわずかに食い違うように見えるが、統計的には矛盾がない。

当初、大発見かと思われたBICEP2の結果だったが、さらなる検討を行った結果、天の川銀河にあるダストからの放射の影響が無視できないことが明らかになった。これはBICEP2の観測が1つだけの波長で行われたことが大きな原因である。南極の上空でも特にダストの影響

LiteBIRD衛星（概念図）：JAXA宇宙科学研究所

が小さいと思われる領域を選んで観測を行ったが、それでも1つの波長では、測定している放射がダストか宇宙マイクロ波背景放射かを完全に区別することはできない。

ＢＩＣＥＰ2の結果を受けて、複数波長での観測を可能にする装置や、より広い領域を感度を上げて測定するための大規模アレイ化を進めた装置が導入され、新たな観測が急ピッチで進められている。一方で、本命はやはり大気の影響がなく、全天を測定できる衛星プロジェクトである。現在、世界で最も実現に近い偏光観測の衛星プロジェクトは、日本の高エネルギー加速器研究機構（ＫＥＫ）や東京大学カブリ数物連携宇宙研究機構が中心となって進めているLiteBIRDである。幸い、2019年にＪＡＸＡのミッションとしてこの計画が承認された。2020年代中盤の打ち上げを目指して関係者が奮闘しているところである。Ｂモード偏光が発見される日が待たれる。

1964年に偶然発見された宇宙マイクロ波背景放射、本書では、この電波が教えてくれることを中心に、20世紀、そして21世紀における宇宙論研究の発展を、私自身の体験も交えながら語ってきた。

宇宙マイクロ波背景放射の存在自体が、熱い宇宙の始まり、ビッグバンの決定的証拠となった。ビッグバンの前に、インフレーションと呼ばれる莫大な膨張期が存在していたことも、現在ではほぼ確実なことと信じられるに至っている。

研究が進むにつれて、宇宙マイクロ波背景放射の温度ゆらぎに豊富な情報が含まれていることが次第に明らかとなった。ついに温度ゆらぎがCOBE衛星によって発見されたのが1992年だ。続いて、温度ゆらぎに含まれる音波モードの振動、すなわち宇宙交響楽を求めて、21世紀になって相次いでWMAPとプランクという人工衛星が打ち上げられた。これら人工衛星によって、宇宙の構成要素や空間の曲がりなどが精密に測定されるに至った。精密宇宙論時代の到来である。

人類は、宇宙マイクロ波背景放射によって、ほかの何よりも、宇宙とその始まりについて多くのことを学ぶことができた。発見以来、すでに3つのノーベル賞が与えられていることからも、その重要性がうかがえよう。一方で、そこに関わったのは、決して象牙の塔の天才ではなく、極めて人間的な研究者たちであったことも忘れてはならない。

まだ、ダークマターやダークエネルギーの正体はわかっていないし、インフレーションの決定的な証明はBモード偏光の発見を待たねばならないだろう。しかし、本書の宇宙マイクロ波背景放射を巡る冒険は、ここでいったん幕を下ろすこととする。本書を閉じるに当たって、何度も投げ出しそうになる私を叱咤激励してくれた二人の編集者、髙月順一さんと篠木和久さんに深い感謝の意を表したい。お二人のおかげで、40数年前、中学生の私を科学の道に導いてくれたブルーバックスシリーズにこうして自著を加えることができた。感無量である。

２０２０年　４月　杉山直

【ま行】

【や・ら行】

【な行】

【は行】

【た行】

【さ行】

【か行】

さくいん

N.D.C.441　283p　18cm

ブルーバックス　B-2140

宇宙の始まりに何が起きたのか
ビッグバンの残光「宇宙マイクロ波背景放射」

2020年6月20日　第1刷発行

著者　杉山　直

発行者　渡瀬昌彦

発行所　株式会社講談社
〒112-8001　東京都文京区音羽2-12-21

電話　出版　03-5395-3524
販売　03-5395-4415
業務　03-5395-3615

印刷所　（本文印刷）株式会社新藤慶昌堂
（カバー表紙印刷）信毎書籍印刷株式会社

製本所　株式会社国宝社

定価はカバーに表示してあります。

ISBN978－4－06－520493－1

発刊のことば

科学をあなたのポケットに

二十世紀最大の特色は、それが科学時代であるということです。科学は日に日に進歩を続け、止まるところを知りません。ひと昔前の夢物語もどんどん現実化しており、今やわれわれの生活のすべてが、科学によってゆり動かされているといっても過言ではないでしょう。

そのような背景を考えれば、学者や学生はもちろん、産業人も、セールスマンも、ジャーナリストも、家庭の主婦も、みんなが科学を知らなければ、時代の流れに逆らうことになるでしょう。

ブルーバックス発刊の意義と必然性はそこにあります。このシリーズは、読む人に科学的に物を考える習慣と、科学的に物を見る目を養っていただくことを最大の目標にしています。そのためには、単に原理や法則の解説に終始するのではなくて、政治や経済など、社会科学や人文科学にも関連させて、広い視野から問題を追究していきます。科学はむずかしいという先入観を改める表現と構成、それも類書にないブルーバックスの特色であると信じます。

一九六三年九月　野間省一

ブルーバックス　宇宙・天文関係書

1394 ニュートリノ天体物理学入門　小柴昌俊
1487 ホーキング　虚時間の宇宙　竹内　薫
1510 新しい高校地学の教科書　杵島正洋／松本直記／左巻健男＝編著
1697 インフレーション宇宙論　佐藤勝彦
1728 ゼロからわかるブラックホール　大須賀　健
1731 宇宙は本当にひとつなのか　村山　斉
1762 完全図解　宇宙手帳（宇宙航空研究開発機構）＝協力　渡辺勝巳／JAXA
1799 宇宙になぜ我々が存在するのか　村山　斉
1806 新・天文学事典　谷口義明＝監修
1848 今さら聞けない科学の常識3　聞くなら今でしょ！　朝日新聞科学医療部＝編
1857 宇宙最大の爆発天体　ガンマ線バースト　村上敏夫
1861 発展コラム式　中学理科の教科書　改訂版　生物・地球・宇宙編　石渡正志／滝川洋二＝編
1862 天体衝突　松井孝典
1878 世界はなぜ月をめざすのか　佐伯和人
1887 小惑星探査機「はやぶさ2」の大挑戦　山根一眞
1905 あっと驚く科学の数字　数から科学を読む研究会
1937 輪廻する宇宙　横山順一
1961 曲線の秘密　松下泰雄
1971 へんな星たち　鳴沢真也
1981 宇宙は「もつれ」でできている　ルイーザ・ギルダー／山田克哉＝監訳／窪田恭子＝訳
2006 宇宙に「終わり」はあるのか　吉田伸夫
2011 巨大ブラックホールの謎　本間希樹
2027 重力波で見える宇宙のはじまり　ピエール・ビネトリュイ／安東正樹＝監訳／岡田好恵＝訳
2066 宇宙の「果て」になにがあるのか　戸谷友則
2084 不自然な宇宙　須藤　靖